Die natürliche und künstliche Alterung des gehärteten Stahles

Physikalische und metallographische Untersuchungen

von

Dr.-Ing. Andreas Weber

Betriebsleiter der Fa. Fr. Deckel
in München

Mit 105 Abbildungen im Text
und auf 12 Tafeln

Berlin
Verlag von Julius Springer
1926

ISBN-13: 978-3-642-90525-4   e-ISBN-13: 978-3-642-92382-1
DOI: 10.1007/978-3-642-92382-1

Softcover reprint of the hardcover 1st edition 1926

Vorwort.

Die zeitliche Veränderlichkeit des gehärteten Stahles ist eine seit
Jahrzehnten bekannte Erscheinung. Sie war der Grund, warum man
bei Einführung der Prototype für das Meter und von grundlegenden
Normalmaßen sich für Strichmaße entschied und nicht Endmaße
wählte, obwohl letztere für praktische Anwendung viel geeigneter sind.
Zweifellos sind in der Industrie vereinzelte, nicht veröffentlichte Versuche durchgeführt worden, die bezielten, durch Erwärmung und lange
Lagerung frisch gehärteter Stahlmaße, namentlich der Meßblöcke, eine
künstliche Alterung herbeizuführen.

Aber es fehlte, wie die Erfahrung an käuflichen Meßwerkzeugen,
auch Endmaßen, selbst an solchen erstklassiger Firmen klar erkennen
ließ, an einer umfassenden, vielseitigen und systematischen
wissenschaftlichen, physikalischen Untersuchung über die Vorgänge,
die sich bei der natürlichen oder künstlichen Alterung gehärteten Stahles verschiedener Zusammensetzung abspielen.

Diese Aufgabe konnte am zweckmäßigsten in einem auf Präzisions-
messungen eingestellten physikalischen Laboratorium ausgeführt werden, erforderte aber einen Mann, der praktische Erfahrungen in der
Behandlung und Bearbeitung von Stahl besaß und konnte nur mit
Unterstützung eines vorzüglich eingerichteten, feinmechanischen größeren Betriebes gelöst werden.

Der Verfasser des vorliegenden Werkchens, Diplomingenieur Andreas
Weber, war durch mehrjährige Beschäftigung mit physikalischen Fein-
messungen in meinem Institut für die Untersuchung physikalisch gut
vorgebildet und verfügte als Betriebsingenieur der Firma Friedrich
Deckel in München über reiche einschlägige Betriebserfahrungen. Vom
Bund der Freunde der Technischen Hochschule München wurden
einige Geldmittel zur Verfügung gestellt. Da Herr Kommerzienrat
Deckel der Untersuchung nicht nur großes Interesse zuwandte,
sondern sie auch in jeder Richtung in liberalster Weise unterstützte,
so konnten nach mehrjähriger Arbeit bündige Ergebnisse von entschei-
dender Bedeutung erzielt und hiermit der Öffentlichkeit zugänglich
gemacht werden, die allen Industrien willkommen und sehr förderlich
sein werden, die unser wichtigstes Konstruktionsmaterial Stahl in irgend-
einer Form zu genauen Arbeiten verwenden.

München, Technische Hochschule, April 1926.

Karl T. Fischer.

Inhaltsverzeichnis.

Druckfehlerberichtigung.

1) Gleichung auf S. 14 muß lauten:

$$\frac{s'}{s} \approx 1 + \gamma(t - t').$$

2) Bei Abb. 91 Taf. IX muß es heißen: Abb. 91. Mat. 4. etc.

Weber, Alterung.

I. Einleitung.

Gleichen Schritt mit der Ausbildung und Vervollkommnung der Gewinnungsmethoden von Roheisen und Flußeisen hielten auch die Verfahren der Verfeinerung und Veredelung. Ohne die Fortschritte, welche die Naturwissenschaften, insbesondere die Physik und Chemie machten, wäre der ungeheure Aufschwung der Industrie nicht möglich gewesen. Durch das zielbewußte Arbeiten der Wissenschaft und das logische Übertragen der gewonnenen Erkenntnisse auf die Praxis war jener Weg beschritten, der vom blinden Zufall unabhängig macht. Wohl war man auf anderen Gebieten, z. B. in der Glasindustrie — ich erwähne deshalb das Glas, weil es im Schmelzprozeß einen Berührungspunkt mit der Stahlherstellung hat — durch die Eigenschaft der Durchsichtigkeit besser daran. Denn gerade dieser Umstand erscheint mir wichtig, weil er jeden Fehler im Schmelzprozeß zu erkennen gestattet. Rückwirkend wieder hat der hohe Stand der Optik auf die Entwicklung der Stahlerzeugung einen nicht zu unterschätzenden günstigen Einfluß ausgeübt. Sie schuf die Apparate, deren wir uns heute zur inneren Betrachtung des Stahles bedienen. Der Technik hat sich eine neue Wissenschaft, die Metallographie, helfend an die Seite gestellt, die ihr die schwierige Aufgabe der Betrachtung der Eigenschaften des Stahles und seines Verhaltens bei der Bearbeitung lösen hilft. Gerade hier gilt am meisten das oberste Prinzip der Fertigung: zuerst die Ursache erkennen und dann folgerichtig darnach handeln. Viele Erfahrungen der erzeugenden Stahlindustrie, die als Geheimnisse der Allgemeinheit verschlossen blieben, liegen heute als offenes Buch auf und werden dem Verarbeiter des Stahles, dem Werkstättenmann mitgeteilt, damit er sich über die Schwierigkeiten in der Stahlverarbeitung unterrichten und auch Anforderungen an die Beschaffenheit des Stahles stellen kann. Zweifellos wird das Problem der Vervollkommnung des Stahles nur durch die sachliche Kritik seitens der stahlverarbeitenden Industrie auf jene Bahn gelenkt, die dem Ziel zustrebt, indem die Richtlinien für die geforderten Eigenschaften die Herstellung des Rohmaterials günstig beeinflussen.

Die neuzeitliche Spezialisierung der Erzeugnisse hat neue Gesichtspunkte im Aufbau der Werkstätte und der Arbeitsmethoden gebracht. Reihenherstellung, Austauschfabrikation und Normung sind Begriffe, die ihre Existenz der organischen Entwicklung der Arbeitsverteilung verdanken. Diese braucht Werkzeugmaschinen, die in ihrem Arbeitsbereich Höchstleistungen hergeben, eine Vervollkommnung des Meßwesens auf neuer Grundlage und stellt hohe Anforderungen an die Stahlerzeugung. Die Entwicklung der Industrie ist fest verankert mit dem planmäßigen Ausbau dieser Arbeitsgebiete.

Das Meßwesen mit seinem fein ausgeklügelten System der Toleranzen braucht Lehren in einer außerordentlich reichhaltigen und vielseitigen Form. Der Aufbau dieser Toleranzen sieht Größenordnungen vor, die sehr eng gegeneinander abgestuft sind. So unterscheidet sich beim Schiebesitz der Feinpassung in den Grenzen von 30—50 mm $\varnothing$ das Plus- vom Minusmaß um 0,018 mm. Auch bei anderen Meßgeräten, bei denen es weniger auf die Einhaltung eines genauen Maßes als auf die Beibehaltung der Form, z. B. bei Haarlinealen, Winkeln, ebenen Platten und dgl., ankommt, treten Schwierigkeiten in der Herstellung auf. Auf dem Gebiete des Werkzeugmaschinenbaues trifft man ebenfalls auf Anforderungen der höchsten Genauigkeit. Die Schleifspindel einer Innenschleifmaschine muß genau laufen, wenn sie einen kreisrunden Schliff erzeugen will. Ähnliche Genauigkeitsansprüche findet man bei Spindeln von Präzisionsdrehbänken. Wenn man diesem Punkt nähere Beachtung schenkt, kann man feststellen, daß die Forderung eines feststehenden Maßes oder keinerlei Formänderungen oder beides zusammen sich wie ein roter Faden durch alle Fabrikationszweige zieht. Da in allen solchen Fällen eine möglichst geringe Abnützung als Bedingung gestellt ist, handelt es sich durchweg um gehärtete Gegenstände. Hierbei treten nun zweierlei Schwierigkeiten auf, nämlich beim Härten an sich und weiterhin bei der Sicherung des fertiggestellten Stückes gegenüber zeitlichen Veränderungen.

Die Schwierigkeiten beim Härten haben ihre Ursache in Volumenänderungen, die der Stahl beim Härten durchmacht und machen sich überall da geltend, wo das Werkstück infolge der Eigenart seiner Konstruktion keiner weiteren Bearbeitung mehr unterworfen wird, z. B. bei vielen Gewindewerkzeugen und -Lehren, Schnitten und dergl. Ferner treten sie auch dort auf, wo infolge stark wechselnder Querschnittsformen das Reißen durch die Volumen- und Formänderung des Stahles beim Härten begünstigt wird.

Die Frage der Volumenänderung beim Härten ist in der Literatur des öfteren behandelt worden.

Maurer (1) untersuchte die Volumenänderungen des Stahles beim Härten und Anlassen, den elektrischen Widerstand, die Koerzitivkraft und den remanenten Magnetismus. Seine Ergebnisse werden im wesentlichen, was die Dichteänderungen anlangt, durch eine systematische Arbeit von Schulz (2) bestätigt. Er behandelt die Volumenänderung durch Dichtemessungen von Stahlsorten mit wechselndem Kohlenstoffgehalt und von Spezialstählen (Nickel- und Chromstählen) bei veränderter Härtetemperatur und beim Anlassen in einer enggestuften Anlaßfolge von 70—880⁰ C. Ferner werden Formänderungen verschieden geformter Proben untersucht. Schulz findet, daß sich die Dichten in der Nähe der richtigen Härtetemperatur besonders bei untereutektischen Stählen durch kleine Temperaturunterschiede stark ändern, um dann nach Überschreitung einer bestimmten Temperatur, die bei untereutektischen Stählen bei ca. 820⁰ C liegt, ziemlich konstant zu bleiben. Die Anlaßversuche zeigen ein Maximum der Dichte bei 450 bis 500⁰ C. Bis 120⁰ steigt die Dichte sehr rasch, um dann zwischen 120⁰ und 200⁰ wieder abzunehmen. Von den untersuchten Spezialstählen zeigt ein Stahl mit 0,09⁰/₀ C und 4,12⁰/₀ Ni die geringsten Dichteänderungen beim Anlassen. Die Volumenveränderung beim Abschrecken der Nickel- und Chromstähle bleibt gegen die der reinen Kohlenstoffstähle zurück, während die Chromnickelstähle eine etwas stärkere Volumenänderung im Vergleich zu reinen Kohlenstoffstählen haben.

Die viel verbreitete Ansicht in der Praxis, daß es Stähle gibt, die beim Härten „stehenbleiben", wird hier mit dem Gegenteil bewiesen. Sie trifft eben nur bedingt zu, insofern als gewisse Legierungsbestandteile das Verziehen beim Härten auf ein Mindestmaß beschränken können. Außerdem liegt eine sehr reichhaltige Literatur vor, die die Praxis des Härtens von der wissenschaftlichen und werkstättenmäßigen Seite behandelt, die jedoch nicht in den Rahmen der vorliegenden Arbeit fällt.

Vorausgehend wurde bereits an verschiedenen Beispielen gezeigt, daß zeitliche Änderungen des fertigen Erzeugnisses, hervorgerufen durch Veränderungen des Stahles, die langwierige Genauigkeitsarbeit illusorisch machen können. Die Schwierigkeiten treten meist bereits in der Fabrikation ein, indem es nicht gelingt, die gewollte Genauigkeit herauszubringen, da sich der Stahl während des Schleifens fortwährend ändert. Dies ist eine Erscheinung, die in jeder Schleiferei schon viele unnötige Arbeit verursacht hat. In der Praxis haben sich die verschiedenartigsten Vorstellungen über das Auftreten solcher Veränderungen und deren Beseitigung herausgebildet. Als Ursache bezeichnet man die Spannungen, die dem Material noch vom Härten her anhaften und wendet als gebräuchlichste Gegenmaßnahme das abwechselnde Tauchen in warmes und kaltes Wasser an. Man spricht dann von künstlicher Alterung im Gegensatz zur natürlichen Alterung, die in einem Liegenlassen des Härtegutes für längere Zeit besteht. Die Qualität von Genauigkeitswerkzeugen hängt tatsächlich letzten Endes von der Verwendung gealterten Materials ab. Von Johansson, der die ersten guten gehärteten Stahlendmaße auf den Markt brachte, erzählt man, daß er seine gehärteten Blöcke in einem Bach ablagern ließ, der an seiner Fabrik vorbeifloß. Pratt und Whitney stecken ihre Meßklötze etwa 30 mal in kochendes und Eiswasser. Andere Firmen sollen sie abwechselnd in warmes Wasser und flüssige Luft tauchen. Das Bureau International des Poids et Mesures erwärmt 100 Stunden auf 100^0 C. Man hat eben in der Praxis versucht, die nachteiligen Erscheinungen der zeitlichen Änderungen auf irgendeine Art auszuschalten. Über die Ursache und das Wesen dieser Nachwirkungen ist man sich jedoch im unklaren. Der Zweck der vorliegenden Arbeit soll es sein, verschiedene gehärtete Stahlsorten systematisch in ihrem Verhalten nach dem Härten zu untersuchen, künstliche Alterungsmethoden zu überprüfen und ihre Wirkung zu analysieren.

Bevor auf die Durchführung der Arbeit eingegangen wird, soll noch kurz das in der Literatur auf diesem Gebiet bis jetzt Bekannte besprochen werden. Das Einzige in der deutschen Literatur, was vorliegt, sind Feststellungen von Leman und Werner (3), welche die Längenänderungen gehärteter Stahlstäbe von 100 mm Länge und 20 mm Dicke nach dem Härten durch ein 12 stündiges Anlassen auf 150^0 C beseitigten. Die Stäbe ließen sie bei verschiedenen Firmen härten, gaben jedoch nicht Härtetemperatur und Zusammensetzung des Stahles an. Die durch das Härten festgestellten Längenänderungen wichen sehr stark voneinander ab. Es traten Verlängerungen von 0,529 mm einerseits und Verkürzungen bis 0,136 mm andererseits auf. Charakteristisch war, daß das Anlassen auf 150^0 C in allen Fällen eine Verkürzung zeigte. Sie stellen auch fest, daß die zeitlichen Nachwirkungen an nicht getemperten Endmaßen erheblich sind, indem sie die Endmaße in jedem folgenden Jahr gemessen haben. Im allgemeinen bestehen die Veränderungen aus Verkürzungen, die bei ganz gehärteten Körpern ziemlich gut den Längen entsprechen. Sie schritten im Laufe der Zeit im gleichen Sinne fort, am Anfang aber rascher als später. Im Bureau of Standards wurden an Stücken von 100 mm Länge nach Berndt-Schulz (4) in einem Jahr Änderungen von -5 bis $+5\,\mu$ ermittelt. Auch hier verlief die Änderung mit der Zeit nach einer asymptotischen Kurve.

Von außerordentlicher Wichtigkeit ist eine Notiz in American Machinist Bd. 57, 1922, über ein Programm für die Forschung des am besten für Lehren geeigneten Stahles, das vom Bureau of Standards in großen Zügen aufgestellt ist. Der Widerstand gegen Abnützung soll bei martensitischen und ähnlichen Stählen untersucht werden, da nur diese eine genügende Härte haben. Besonders soll dabei der Einfluß eines Zusatzes von Cr und Wo, sowie der des austenitischen Gefüges untersucht werden. Bei der Erforschung der bei der Härtung auftretenden Längenänderungen sollen die Einflüsse der Wärmespannungen und die der Gefügeumwandlungen getrennt studiert werden. Ganz vermeiden werden sich die Wärmespannungen ihrer geringen erforderlichen Kühlgeschwindigkeit wegen nur bei den Lufthärtern lassen. Zur Untersuchung des Einflusses der Gefügeumwandlungen bei gewöhnlicher Temperatur ist austenitischer Stahl vorgesehen, der aber oberhalb der Temperatur der flüssigen Luft martensitisches Gefüge annimmt. Dabei ist ein Verhältnis der Länge zum Durchmesser von 4 : 1 und 1 : 1 geplant. Beabsichtigt ist auch, den Einfluß der Gefügeumwandlungen durch Erhöhung der Temperatur des Abschreckbades und dadurch bewirktes langsames Abkühlen, sowie durch Legierung mit anderen Elementen zu verringern. Die zeitlichen Änderungen der Länge verlaufen zum Teil ganz regelmäßig, wobei sowohl Verlängerungen wie Verkürzungen beobachtet wurden, vollziehen sich gelegentlich aber auch völlig unregelmäßig. Diese sind auf den plötzlichen Ausgleich von Spannungen zurückzuführen, während die regelmäßigen durch Gefügeumwandlungen verursacht sind. Für die Längenzunahme scheint die Anwesenheit von Austenit verantwortlich zu sein, da beim schwachen Anlassen martensitische Stähle sich verkürzen, austenitische sich dagegen verlängern. Für die Wahl der Anlaßtemperatur wird der Ausfall der Abnützungsversuche, die mit zwei gegeneinanderlaufenden Scheiben aus gleichem Material und ferner solche mit der zu prüfenden Scheibe gegen eine Standardscheibe, entscheidend sein. In Aussicht genommen ist eine getrennte Untersuchung der Einwirkung von Wechselbädern verschiedener Temperatur und von wechselnden Spannungen, die jetzt beide oft vereint zur künstlichen Alterung benützt werden.

An anderer Stelle[1]) werden darüber noch folgende Einzelheiten mitgeteilt: Es sind 6 typische Stähle ausgesucht, nämlich 3 Kohlenstoffstähle mit 0,85%, 1,10% und 1,25% Mangan, 0,30% Chrom, 0,5% Wolfram und schließlich ein Chromnickelstahl für Einsatzhärtung. Aus diesen sollen je 15 Gewindelehren und 15 Kaliberdorne hergestellt werden, um den Einfluß der Wärmebehandlung zu untersuchen. Für die Abnützungsversuche werden eine Anzahl von Scheiben von $2^1/_{10}''$ Durchmesser und 0,4'' Dicke genommen. Auf Grund dieser Versuche soll dann eine Reihe von Stählen in der Praxis weiter untersucht werden. Zur Zeit werden Kohlenstoffstähle gegen ölgehärtete geprüft, um zu sehen, welche gleichmäßigere Ergebnisse zeitigen.

Daraus geht hervor, daß die Frage nach den geeignetsten Lehrenstählen in Amerika nicht nur praktisch, sondern gleichzeitig von wissenschaftlichen Gesichtspunkten aus zu lösen versucht werden soll.

Aus dem vorliegenden Programm des Bureau of Standards ist ersichtlich, wie reichhaltig das Problem des für die Lehrenherstellung geeignetsten Stahles ist. Es ist klar, daß durch eine Untersuchung, die sich immer gewisse Grenzen stecken muß, das ganze Gebiet nicht restlos erfaßt werden kann. In der Tat gibt nur die Zusammenfassung aller Versuchsergebnisse einer Reihe von Untersuchungen, die das Problem

---

[1]) Chem. and Metallurgical Engg. Bd. 27, S. 754, 1922.

der Stahlveredelung immer wieder von einer anderen Seite anfassen, ein abgeschlossenes Bild über das Verhalten des Stahles bei der Verarbeitung. Wenn man bedenkt, daß jeder Stahl eine Legierung aus mehreren Komponenten darstellt, so braucht man sich nicht zu wundern, daß die Lösung einer bestimmten Frage eine langwierige Versuchsarbeit bedeutet.

In einer nach Fertigstellung dieser Arbeit erschienenen Untersuchung messen Fraenkel und Heymann (*8*) die Abhängigkeit des spezifischen Leitwiderstandes von konstanten Anlaßtemperaturen, die in ihrer Wirkung abhängig von der Zeit studiert werden. Ihre Untersuchungen erstrecken sich auf 5 Kohlenstoffstähle mit den üblichen Mn- und Si-Beimengungen und auf einen Stahl mit $2{,}65\,^0/_0$ Mn und wenig Si. Für die Messungen werden Drähte von 2 mm $\varnothing$ und 30 cm Länge benützt, so daß sich der elektrische Widerstand leicht infolge seiner Größenordnung messen läßt. Sie stellen fest, daß die maximale Abschreckwirkung von der Abschrecktemperatur unabhängig ist, solange man sich mit dieser im Gebiet der homogenen Mischkristalle befindet. Weiterhin wird die Änderung des elektrischen Widerstandes in sieben Abstufungen bei Temperaturen von 78^0—360^0 C untersucht. Die sich ergebenden Kurven verlaufen anfangs steil, und zwar bei höheren Temperaturen steiler als bei niedrigeren, um nach kurzer Zeit stark abzuklingen, ohne aber nach mehreren Stunden der Zeitachse parallel zu werden. Auf Grund ihrer Versuchsergebnisse stellen sie fest, daß die Reaktion Martensit—Osmondit bei allen Temperaturen von 100—400^0 vollständig verläuft und daß in technisch angewandten Anlaßzeiten die Reaktion bei Temperaturen von 100—200^0 nur zu einem gewissen Prozentsatz verläuft, der mit der Anlaßtemperatur steigt.

Für die Behandlung des Stoffes ist es notwendig, daß der Begriff „Alterung" in einer konkreten Vorstellung festgelegt wird, um so mehr, als dem Begriff „Altern" in der Technik verschiedene Bedeutung zukommt. So spricht man vom Altern des Stahles, wenn er durch dauernde Beanspruchung (Übermüdung) in seiner Leistungsfähigkeit beeinträchtigt wurde. Bei Aluminiumlegierungen dagegen versteht man darunter die Annahme höherer Festigkeitseigenschaften (Vergüten), wenn man sie einer geeigneten Wärmebehandlung unterwirft. Ganz andere Erscheinungen gilt es beim gehärteten Stahl zu beseitigen. Die Forderungen der Technik gehen dahin, den Stahl derart zu behandeln, daß er seine mechanischen Eigenschaften im gehärteten Zustand, insbesondere seine Härte, beibehält, jedoch die nachteiligen Erscheinungen der Veränderlichkeit verliert. Leider standen für die Prüfung der Härte nur geringe Hilfsmittel zur Verfügung. Die gebräuchliche Art der Härtekontrolle, wie Brinell-, Rückprall- und Ritzverfahren, gibt nur einen groben Maßstab. Das Fehlen einer empfindlicheren Methode für die

Härtemessung machte sich für die Durchführung der Arbeit störend bemerkbar. Es mußte vielmehr indirekt auf Grund des physikalischen Verhaltens auf die Veränderlichkeit der Härte geschlossen werden, um dem roheren Grad der Härtefeststellung das feinere Empfinden zu geben.

Die Veränderlichkeit nach dem Härten kann durch zwei Umstände veranlaßt sein, die ihre Herkunft vom Härteprozeß ableiten. Entweder sind es molekulare Kräfte, indem das Gleichgewicht des molekularen Kräftespiels durch das Härten zerstört wurde, oder es liegt eine Veränderung des Stoffes vor. Letzteres kann gesondert durch das Verhalten des Widerstandes geprüft werden. Desgleichen geben auch mikrographische Untersuchungen hierüber Aufschluß, sofern die Umwandlungen nicht ultramikroskopisch sind. Für die Behandlung der Modifikationsänderungen kommt das Schema

Austenit → Martensit → Troostit

in Betracht. Um die Härteeigenschaften nicht unter ein zulässiges Maß zu führen, werden als Endzustände Martensit-Troostit anzustreben sein. Andere physikalische Methoden für die Untersuchung von Zustandsänderungen, insbesondere Dichte- und Längenmessungen, lassen nicht die Elemente der Ursache erkennen. Sie stellen die Gesamterscheinung fest, sind aber insofern unentbehrlich, als sie im Zusammenhang mit den Feststellungen, die der Leitwiderstand ergibt, einen Schluß auf mechanische molekulare Umlagerungen zulassen.

Es dürfte demnach mit Leitfähigkeitsmessungen und metallographischer Untersuchung des Gefüges einerseits und Dichte- und Längenmessungen andererseits der Schlüssel für das Wesen der Alterung gefunden werden. Der Ablauf der Versuche wird die Feststellung einer geeigneten Alterungsmethode ergeben.

II. Physikalische Untersuchungen.

A. Vorbereitender Art.

Legierte Stähle haben den Vorzug, daß sie auch bei geringerer Kühlgeschwindigkeit härtende Eigenschaften annehmen. Aus diesem Grunde werden besonders chromlegierte Stähle mit Vorliebe im Lehrenbau verwendet. In der Endmaßfabrikation, wo geeignete Ausdehnung, große Härte, hoher Widerstand gegen Abnutzung und Korrosion und gute Polierfähigkeit als grundlegende Eigenschaften des Materials gefordert sind, hat man immer auf derartige Stähle zurückgegriffen. Für die Johansson-Endmaße hat die Analyse des Bureau of Standards folgende Zusammensetzung ergeben: 1,19 °/₀ Kohlenstoff, 1,23 °/₀ Chrom,

0,11 % Mangan, 0,24 % Silizium, 0,39 % Nickel, 0,020 % Phosphor, 0,012 % Schwefel.

1. Auswahl des Materials.

Die aus mehreren Analysen sich ergebenden Mittelwerte für die Stähle der vorliegenden Untersuchung sind in der Zahlentafel 1 zusammengestellt.

Zahlentafel 1. Analysen der untersuchten Stähle.

Art	Nr. des Stahles	C	Mn	Si	Cr	Wo	S	P	Ni
Kohlensotff- stähle	2	0,72	0,19	0,25	0,17	—	0,02	0,017	—
	5	1,10	0,18	0,17	0,41	—	0,05	0,035	—
Chromstähle	3	0,87	0,27	0,24	0,84	—	0,02	0,012	—
	1	2,17	0,22	0,42	12,5	—	0,04	0,065	0,14
	6	1,69	0,25	Spuren	10,6	—	0,009	—	—
Chrom-Wolf- ramstahl .	4	1,22	0,76	0,92	1,21	1,14	0,033	0,010	0,24

Um eine Verwechslung der Stähle auszuschließen, wurde jeder Materialsorte eine Nummer zugeordnet. Die einzelnen Versuchsserien wurden durch Beisetzen eines Buchstabens zur Materialnummer gekennzeichnet (z. B. 2a, 2b usw.).

Die Stähle 2 und 5 sind reine Kohlenstoffstähle mit verschiedenem Kohlenstoffgehalt. Der geringe Chromgehalt hat praktisch für die Ölhärtung keine Bedeutung. 2 ist ein Stahl unbekannter Herkunft. 5 ist Böhler extra zähhart. Stahl 3 stammt von Becker, 1 ist Böhler Spezial K, 6 Röchling RCC. Die beiden letzteren Stähle werden für Schnitte häufig verwendet und haben die Eigenschaft, daß sie sich beim Härten wenig verziehen. Auffallend ist hier der hohe Chromgehalt. Der Stahl 4 ist Böhler Amutit, ein für Lehren, Gewindewerkzeuge gern gebrauchter Stahl. Die einzelnen Stähle sind typische Vertreter der im Werkzeugbau zur Verwendung kommenden Stähle. Die Versuchsergebnisse dürften damit für die Praxis eine weitgehende Bedeutung haben. Die Proben wurden fast durchweg derselben Stange entnommen, so daß eine gleichmäßige Zusammensetzung des Materials nach Möglichkeit vorgesorgt ist. Die Versuchsstäbe hatten einen Durchmesser von 17—20 mm und eine Länge von 100 mm. Auf eine Veränderung der Grund-Form konnte mit Rücksicht auf Zeit und verfügbares Material nicht eingegangen werden.

2. Vorbereitung der Proben.

Da es sich um die Feststellung sehr kleiner Längenänderungen handelte, mußte die Meßgenauigkeit durch gute Definition der Fläche gesteigert werden. Zu diesem Zweck wurden die Proben nach dem Abstechen von der Stange an den beiden Stirnflächen auf eine Parallelität von 0,1 mm eben justiert. Die Ebenheit wurde durch ein aufgelegtes Planglas geprüft, so daß sich die Proben auf dem Meßtisch des zur Längenmessung verwendeten Optimeters ansprengen ließen. Der Umfang der Probe wurde in 8 Teile geteilt, die mit Nummern fortlaufend beziffert wurden, so daß bei Vergleichsmessungen die Änderung der Mantellinie des Zylinders festgestellt werden konnte. Der Mittelwert aus den 8 Messungen erhöhte die Genauigkeit der Messung.

3. Bestimmung der richtigen Härtetemperatur.

Die Temperaturen, bei denen sich die Umwandlungen einer Eisenlegierung vollziehen, werden Haltepunkte genannt. Die beiden Komponenten der Legierung sind Eisen und Eisenkarbid (Fe_3C). Der für die Technik wichtige Haltepunkt ist die Umwandlung in die feste Lösung von Eisen und Eisenkarbid. Von größter Bedeutung für das Härten ist die Geschwindigkeit, mit der die Schmelze durch das Abkühlen zum Erstarren gebracht wird. Die Abkühlgeschwindigkeit, die notwendig ist, um die Umwandlung in die weiche Modifikation zu vermeiden, heißt man kritische Abkühlgeschwindigkeit. Gleiche Härtegrade können nun in gewissen Grenzen durch eine höhere Erhitzungstemperatur und milde wirkendes Abschreckmittel oder durch geringere Erhitzung und schärfer wirkendes Abschreckmittel erreicht werden. Jedoch spielt die Art des Abschreckmediums insofern eine wichtige Rolle, als der Härteausschuß durch Härterisse mit der Schroffheit des Kühlmittels zunimmt.

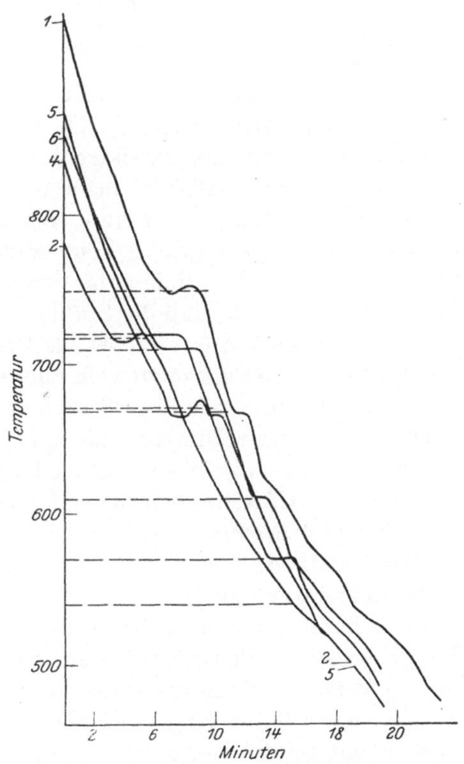

Abb. 1. Abkühlungskurven.

1 = Böhler „Spezial K“. 4 = Böhler „Amutit“.
2 = Kohlenstoffstahl ca. 5 = Böhler Extra zähhart
0,7 % C. 6 = Röchling „RCC“.

Man greift immer zum milderen Kühlmittel, wenn sich mit ihm noch das Härten durchführen läßt. Das Temperaturintervall zwischen Haltepunkt und Härtetemperatur wird um so größer, je milder das Abschreckmittel ist. Deshalb hat der Haltepunkt für das praktische Härten nur mehr oder weniger theoretische Bedeutung. Der Vollständigkeit halber wurden jedoch die Haltepunktsdiagramme für einige untersuchte Stähle aufgenommen und in Abb. 1 dargestellt. Es können folgende Temperaturen für die Haltepunkte festgestellt werden:

Zahlentafel 2. Haltepunkte.

Art des Stahles	Temperaturen ° C
2	716
5	720
1	746
6	710
4	670

Weitere Kennzeichen für die Ermittlung der richtigen Härtetemperatur sind das Bruchaussehen, die Härte und das Gefügebild. Das Bruchaussehen ist das für die Praxis gebräuchlichste Mittel. Es bildet jedoch nur einen groben Maßstab, insbesondere bei Spezialstählen, die mit Chrom und Wolfram legiert sind. Bei diesen Stählen bleibt das Bruchaussehen für ein sehr großes Temperaturintervall dasselbe, so daß der Bruch erst in zweiter Linie zum Vergleich herangezogen werden kann. Es wurde festgestellt, daß die Stähle 3, 4, 6 und 1 innerhalb eines Temperaturintervalls von 60—80 ° C dasselbe Bruchaussehen zeigten. Beim Abschlagen der Stücke zeigte sich allerdings auch innerhalb dieser Temperaturgrenze eine mit der Temperatur sich steigernde Sprödigkeit. Doch sowohl dieser Umstand als auch das Aussehen des Bruches sind so sehr von der subjektiven Beurteilung abhängig, daß die Ermittlung der richtigen Härtetemperatur auf Grund dieser beiden Kennzeichen nicht geeignet erscheint.

Der Umstand, daß die Härte oberhalb und unterhalb der richtigen Härtetemperatur abnimmt, stellt einen gangbaren Weg dar. Diese Methode hat sich in letzter Zeit auch in der Praxis eingeführt, indem man das gehärtete Werkstück mit dem Skleroskop prüft. Bei dem vorliegenden Versuch wurde die Härte nach dem Brinellverfahren durch Eindrücken einer 5-mm-Kugel bei 500 kg Druck festgestellt. Die Proben wurden mit Pyrometerkontrolle im Salzbad gehärtet, unter reichlicher Wasserkühlung auf der Flächenschleifmaschine eben geschliffen und auf der Kupferscheibe poliert. Das Polieren ist zwecks einwandfreier Definition der Kugelkalotte notwendig. Der Durchmesser des Eindruckes wurde mit dem Zeißwerkstattmikroskop festgestellt, das eine Meßgenauigkeit von 0,01 mm gewährleistet. Aus 5 Kugeleindrücken wurde der Durchschnittswert ermittelt. In der Zahlentafel 3 sind die Versuchswerte zusammengestellt.

Zahlentafel 3. Ermittlung der richtigen Härtetemperatur.

Temp. °C	2		5		3		1		4	
	$\varnothing$	H_B	$\varnothing$	H_B	$\varnothing$	H_B	$\varnothing$	H_B	$\varnothing$	H_B
760	—	—	1,022	602	—	—	—	—	—	—
770	—	—	0,992	642	—	—	—	—	—	—
780	1,269	358	0,989	647	1,124	486	—	—	1,134	476
790	1,070	544	0,984	654	1,112	499	—	—	1,133	477
800	1,006	621	1,017	608	1,080	534	—	—	1,132	478
810	1,069	546	1,035	586	1,058	558	—	—	1,103	509
820	1,110	512	1,060	556	1,043	576	—	—	1,052	566
830	1,127	482	—	—	1,026	597	—	—	1,028	594
840	1,145	464	—	=	1,014	611	—	—	1,017	608
850	1,160	450	—	—	1,003	626	1,041	579	1,008	619
860	—	—	—	—	0,994	639	—	—	1,008	619
870	—	—	—	—	1,011	615	1,031	591	1,008	619
880	—	—	—	—	1,018	606	—	—	1,004	625
890	—	—	—	—	1,025	599	0,987	650	1,000	629
900	—	—	—	—	—	—	—	—	1,025	599
910	—	—	—	—	—	—	0,968	677	—	—
930	—	—	—	—	—	—	0,992	642	—	—
950	—	—	—	—	—	—	0,999	631	—	—
970	—	—	—	—	—	—	0,999	631	—	—
990	—	—	—	—	—	—	1,014	612	—	—
1000	—	—	—	—	—	—	1,046	609	—	—

Bei dem Stahl 6 konnte ein gleichlautender Versuch nicht ausgeführt werden, da sonst das Material für die Hauptversuche nicht ausgereicht hätte. Die Stähle 2 und 5 wurden in Wasser, 3, 1 und 4 in Öl abgeschreckt. Beim Stahl 1 wäre auch Lufthärtung möglich, doch wären beim Abkühlen im Luftstrom Unregelmäßigkeiten beim Härten, verursacht durch wechselnde Kühlwirkung, zu befürchten. Es wurde deshalb auch hier das Härten in Öl durchgeführt. Kohlenstoffstähle haben die Eigenschaft, daß sie bei größeren Dimensionen nicht mehr durchhärten. Die in Zahlentafel 3 für die Stähle 2 und 5 angegebenen Härtedaten beziehen sich auf den Rand. Die Versuchsergebnisse sind in der Abb. 2 veranschaulicht. Um die Versuchswerte unmittelbar zu verwenden, ist nicht die Brinellhärte, sondern der Eindruckdurchmesser aufgetragen. Es zeigt sich bei allen Stählen ein ausgesprochenes Minimum. Die Veränderung der Kurve vor und nach dem richtigen Härtepunkt ist bei den Kohlenstoffstählen am stärksten, während das Temperaturintervall bei ihnen am kleinsten ist. Diese Erscheinung erschwert das Härten von Kohlenstoffstählen in der Praxis und trägt dazu bei, daß der Härteausschuß bei diesen Stählen prozentual größer ist, als bei Ölhärtern. Die Erfahrung lehrt, daß der Stahl aus der zulässig niedrigsten Temperatur abgeschreckt werden muß. Denn je höher die Temperatur, um so mehr die Gefahr für Härterisse. Auf Grund dieser Erkenntnis und auf Grund der Versuchsergebnisse lautet die Härtevorschrift für die vorliegenden Stähle:

Zahlentafel 4. Härtevorschrift.

Art des Stahles	Härtetemp. °C	Abschreckmedium
2	800	Wasser
5	785	„
3	850	Öl
1	900	„
6	900	„
4	850	„

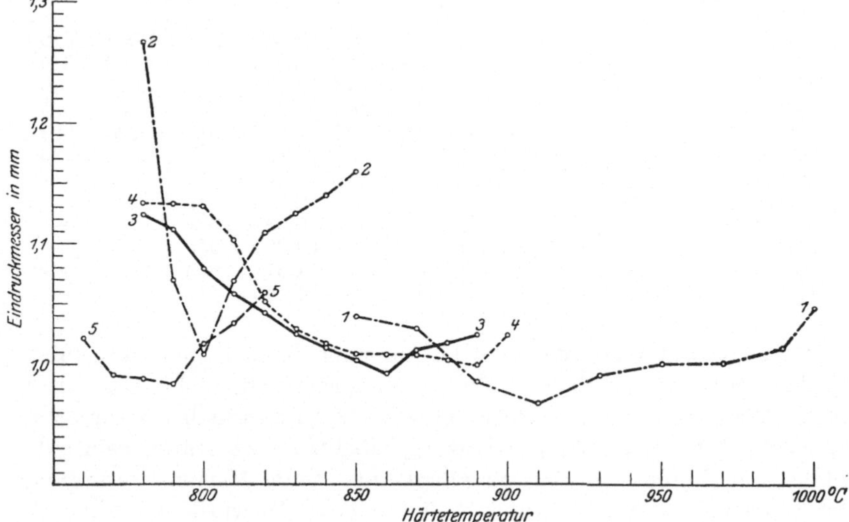

Abb. 2. Bestimmung der richtigen Härtetemperatur.

Da der Stahl Nr. 6 eine ähnliche Zusammensetzung wie der Stahl Nr. 1 hat, darf die Härtetemperatur auch mit 900° C in Öl angesetzt werden.

4. Meßanordnung, Meßgeräte und Meßgenauigkeit.

Da nicht anzunehmen ist, daß die zeitlichen Änderungen des gehärteten Stahles bei langen Zylindern isotrop vor sich gehen, wurden auch Dichtemessungen vorgenommen. Die Dichte wurde nach der Verdrängungsmethode gemessen. Als Eintauchflüssigkeit diente destilliertes Wasser. Die Probe wurde in einen Korb aus Nickeldraht eingelegt, der gegen Oxydation unempfindlicher ist. Mit Hilfe eines Platindrahtes von 0,1 mm $\varnothing$ wurde die Probe samt Käfig in die Wagschale eingehängt. Da anhaftende Luftbläschen das spezifische Gewicht der Eintauchflüssigkeit verändern, war besondere Sorgfalt darauf zu verwenden, diese Luftbläschen vor der Messung zu beseitigen. Um zu erreichen, daß der

Aufhängedraht bei Nullpunktslage und bei Belastung gleich tief eingetaucht, wurde ein dem Volumen der Stahlprobe entsprechendes Wasservolumen durch Pipette abgehoben. Die Änderung der Dichte bei den vorliegenden Versuchen äußert sich in kleinen Größen. Um die Werte möglichst auf die vierte Dezimale genau zu bekommen, war es notwendig, den Auftrieb, den der Körper in Luft erfährt, zu berücksichtigen, und die Temperatur des Wassers genau zu messen. Zu diesem Zweck wurde die Reduktion der Dichte auf den leeren Raum und auf Wasser von 4^0 C nach Kohlrausch vorgenommen. Das richtige spezifische Gewicht ist:

$$s = \frac{m}{w}\,(Q - \lambda) + \lambda, \text{ wobei}$$

$Q =$ Spez. Gewicht des Wassers
$\lambda =$ „   „   der Luft bezogen auf H_2O
$m =$ scheinbares Gewicht in Luft
$w =$ scheinbares Gewicht des dem Volumen des Körpers gleichen
       Volumen Wassers von der Dichte Q.

Für die Wägungen wurden alle Fehlerquellen ihrer Größe nach ermittelt und berücksichtigt. Für die häufigste Belastung von 200 g betrug die Empfindlichkeit der Bungeschen, vorher wenig benützten Wage 0,84 Skalenteile pro Milligramm, das Verhältnis der Wagearme war 0,000104, eine Größe, die berücksichtigt werden muß. Beträgt doch die Korrektion bei 200 g Belastung 20,8 mg.

Um die ermittelten Dichten miteinander vergleichen zu können, war es notwendig, sie auf eine Normaltemperatur umzurechnen.

Bezeichnet
$s =$ spez. Gewicht bei der beob. Temperatur
$t' = 20^0$ C (Bezugstemperatur)
$s' =$ spez. Gewicht bei 20^0 C
$\gamma \approx 3\beta,$
dann ist

$$v = v_0\,(1 + \gamma t)$$

und

$$v \cdot s = v_0 \cdot s_0 .$$

Durch Division der Gleichungen ergibt sich für den Beobachtungszustand

$$s = \frac{s_0}{1 + \gamma t},$$

für den Zustand bei 20^0 C

$$s' = \frac{s_0}{1 + \gamma t'}$$

oder angenähert

$$\frac{s'}{s} \approx 1 + \gamma \, (t - t'),$$

$$s' \approx s \, (1 - \gamma \, (t' - t)).$$

Die Meßgenauigkeit einer Messung erfaßt man am besten durch die Feststellung der Genauigkeit der die Messung bestimmenden Größen. In der Beziehung:

$$s = \frac{m}{w} \, (Q - \lambda) + \lambda$$

sind die zu messenden Größen das Luftgewicht m und der Auftrieb w. Entwickelt man die Gleichung nach der Taylorschen Reihe, so bestimmt sich der Dichteunterschied

$$\Delta s = \pm \, (Q - \lambda) \cdot \frac{\Delta m}{w} \mp \frac{m}{w^2} \, (Q - \lambda) \Delta w$$

aus zwei Summanden, von denen der erste den Einfluß des Fehlers der Luftgewichtsbestimmung enthält, während der zweite den Fehler der Auftriebsbestimmung zum Ausdruck bringt. Aus der Gleichung ergibt sich ohne weiteres, daß der Fehler in der Luftgewichtsbestimmung gegenüber dem Fehler für die Auftriebsbestimmung klein ist. $Q - \lambda$ kann gleich 1 gesetzt werden.

Auf Grund der vielen ausgeführten Messungen ergab sich die Wägegenauigkeit in Luft von $\Delta m = 0,002$ g, in Wasser $\Delta w = 0,003$ g. Der Körper soll in Luft $m = 230,132$ g, in Wasser $m' = 200,929$ g gewogen haben. Dann ist der Auftrieb $w = 29,203$ g.

Der von der Luftgewichtsbestimmung herrührende Fehler ist

$$\sigma = \frac{0,002}{29,203} = 0,00007$$

und der von der Auftriebsbestimmung herrührende Fehler ist

$$\sigma' = \frac{230,132}{29,203^2} \cdot 0,003 = 0,00081.$$

Im ungünstigsten Fall, wenn sich die beiden Fehler addieren, ist der Gesamtfehler $= 0,00088$ oder $0,011\,^0/_0$. Diese Genauigkeitsrechnung deckt sich auch mit der Übereinstimmung der Dichten hoher Temperzeiten, nach denen eine weitere Änderung durch die Wärmebehandlung nicht mehr zu erwarten ist.

Die Längenmessungen der Probstücke wurden mit dem Zeißoptimeter durchgeführt. Die Fehlerquellen bei dieser Meßmethode lassen sich wie folgt zusammenfassen:

1. Ablesemöglichkeit an der Optimeterskala.

2. Veränderung der Optimetersäule auf Grund von Temperaturspannungen.

3. Definition der auf dem Meßtisch aufgesetzten Fläche des Probekörpers.

4. Definition des Meßpunktes.

5. Einfluß des Temperaturüberganges beim Anfassen des Probekörpers.

6. Temperaturverschiedenheit zwischen Endmaß und Meßstück.

7. Fehler des Endmaßes.

Durch Beobachtung dieser Fehlerquellen, insbesondere durch gute Vertrautheit mit der Meßmethode läßt sich die Meßgenauigkeit steigern. Die Ablesemöglichkeit an der Optimeterskala ist 0,1 μ als geschätztes Intervall eines Skalenteiles. Die einseitige Lagerung des Optimeters durch die Säule ergibt bei Nichtbeobachtung der zweiten Fehlermöglichkeit (2) Meßungenauigkeiten bis 2 μ, wenn einseitige Erwärmung der Säule infolge der Wärmeausstrahlung des Messenden eintritt. Die Verkrümmung der Säule ist um so größer, je größer die Temperaturdifferenz an den gegenüberliegenden Mantellinien der Säule des Optimeters ist und je länger das für die Messung in Betracht kommende Stück der Säule ist. Durch möglichst weites Emporziehen des optischen Rohres läßt sich die für die Messung notwendige Säulenlänge auf ein Minimum zurückführen. Ein um die Säule gewickeltes Turch schützte genügend vor Wärmewirkung. Wenn man die Wärmestrahlung des Beobachters ungefähr eine Viertelstunde vor der eigentlichen Messung wirken ließ, stellte sich ein Gleichgewichtszustand ein, der eine weitere Veränderung nicht mehr bemerkbar machte. Am besten dürfte sich ein doppeltwandiger vernickelter Schutzmantel um die Säule eignen. Die Definition der Flächen des Probekörpers, sowie des Meßpunktes ist durch die vorher erwähnten Maßnahmen erläutert. Insbesondere die gute Beschaffenheit der auf dem Meßtisch gleitenden Fläche gibt der Messung eine gewisse Sicherheit. Die Fläche des Optimetertisches darf nicht vollkommen trocken sein, aber auch nicht zu stark angefettet. Sorgfältige Reinigung des Tisches mit Alkohol und nachheriges Präparieren mit einem dünnen Fetthauch, etwa durch den fettigen Finger, hat sich als vorteilhaft erwiesen. Es zeigte sich dann, daß bei mehrmaligem Anschieben des Endmaßes der Optimeterzeiger sich immer auf denselben Strich einstellte. Die Frage des Ansprengens von Endmaßen wird von Berndt-Schulz näher beleuchtet. Am schwierigsten gestaltet sich die Ausschaltung des Temperaturüberganges auf Probestücke und Endmaß durch Berühren. Ein festes Anfassen läßt sich wegen der notwendigen Sicherheit des Anschiebens des Körpers auf den Optimetertisch nicht vermeiden. Das Überschieben eines doppelwandigen vernickelten Wärmeschutzmantels über das Probestück hat sich als unzweckmäßig erwiesen, weil er die Schnelligkeit der Messung hindert. Der Ausgleich der Wärmestrahlung durch einen in der Nähe des Optimeters aufgestellten Ventilator war sehr wirksam, so daß sich der ganze Fehler auf 0,5 μ zurückbringen ließ. Beginnt die Messung immer beim nämlichen Meßpunkt, dann schaltet sich die Wärmestrahlung für die Vergleichsmessung zum größten Teil von selbst aus. Ein empfindlicher Fehler kann in die Messung hereinkommen, wenn die Einstellung des Optimeters mit wechselndem Endmaßsatz erfolgen muß. Es empfiehlt sich das Schleifen der Körper auf eine Länge von 0,1 mm Genauigkeit durchzuführen, damit derselbe Endmaßsatz beibehalten werden kann. Um die Unparallelität des Endmaßes auszuschalten, wurde immer auf die Mitte des Endmaßes eingestellt. Unter Berücksichtigung dieser Maßnahmen ließ sich eine Meßgenauigkeit von 1 μ erreichen. Diese Feststellung bezieht sich auf den Mittelwert aus den 8 Messungen. Für die einzelne Messung einer Mantellinie kann nur mit einer Sicherheit von 2 μ gerechnet werden. Es wird als selbstverständlich vorausgeschickt, daß der Temperaturausgleich zwischen Probestück und Endmaß vor der Messung erfolgt sein mußte, sonst ergeben sich unkontrollierbare Fehler.

Das Wesen einer Erscheinung klärt sich um so deutlicher, je genauer das physikalische Verhalten bekannt ist. Neben den magnetischen Eigenschaften ist das elektrische Verhalten, insbesondere der Leitwiderstand, ein geeigneter Maßstab für die Veränderung des stofflichen Aufbaues. Gleichlaufend mit den Dichte- und Längenmessungen wurden daher Widerstandsmessungen vorgenommen. Nach einleitenden Versuchen zur Messung des Übergangswiderstandes, der am geringsten ist, wenn die

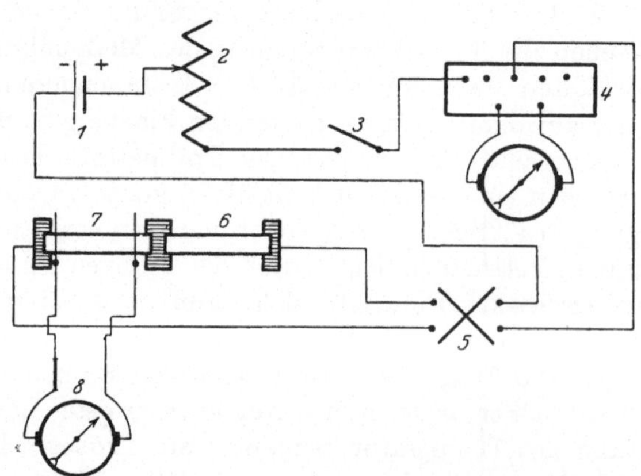

Abb. 3. Schaltungsschema.

1 = Stromquelle	*5* = Stromwender
2 = Regulierwiderstand	*6* = Vergleichswiderstand
3 = Stromschlüssel	*7* = Gesuchter Widerstand
4 = Amperemeter mit Vorschaltwiderstand	*8* = Galvanometer

vorher sorgfältig gereinigte Fläche verkupfert und dann der Strom-
schluß mit Quecksilber hergestellt wird, wurde die in Abb. 3 dargestellte
Schaltung für die Ausführung der Widerstandsmessungen verwendet.
Wegen der Notwendigkeit, die Endflächen unverändert zu erhalten,
mußte indessen auf die Verkupferung in der Regel verzichtet werden.

Die Probestücke waren in eine Brücke nach Abb. 4 eingelegt, der
Spannungsabfall durch zwei Kupferschneiden mit konstantem Abstand
abgenommen. Das Galvanometer war ein Drehspuleninstrument von

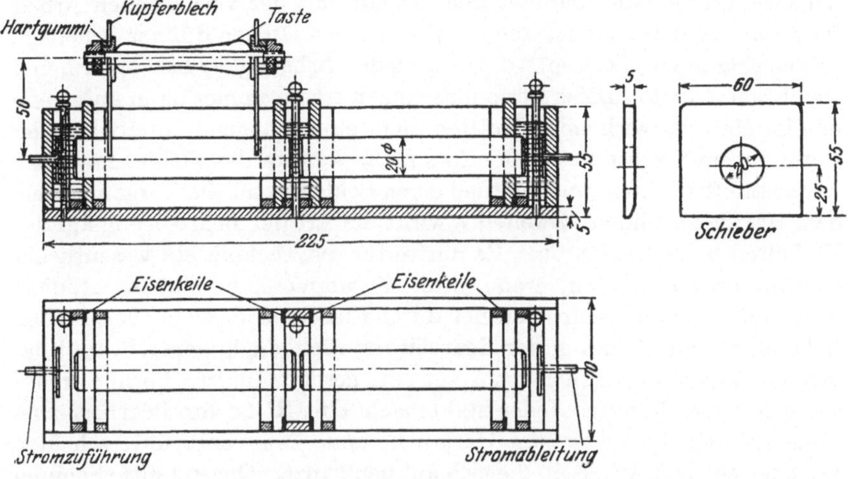

Abb. 4. Meßbrücke.

Siemens & Halske mit 80 Ohm Spulenwiderstand und 920 Ohm Vor-
schaltwiderstand, vertikaler objektiver Ablesevorrichtung und war, um
es vor der Fernwirkung des Hauptstromes und Erschütterungen zu
schützen, auf einer ca. 2 m über dem Boden befindlichen Wandkon-
sole aufgestellt.

Die Errechnung des Widerstandes erfolgt nach dem Ohmschen Gesetz

$$w = \frac{e}{i}.$$ Die Eichung des Galvanometers wurde mit einem Normalthermo-

element durchgeführt. 1 mm der Skala entsprach $5{,}11 \cdot 10^{-6}$ Volt.
Die Widerstandsmessung erfolgte mit ca. 2,5 und 7 Amp. Aus beiden
Werten wurde das Mittel genommen. Zwecks Umgehung des Nullpunk-
tes und Abschaltung der Fehler infolge von Thermoströmen aus der
Messung wurde der Strom bei jeder Stromstärke gewendet. Da nicht
anzunehmen war, daß die Apparatur für die ganze Dauer der Messungen
konstant bleibt, wurde bei jeder Messung der Vergleichswiderstand, der
aus einem ungehärteten Probestab bestand, mitgemessen. Es stellte sich
heraus, daß bei den ersten Messungen Empfindlichkeitsänderungen bis

zu 20 °/$_0$ auftraten; sie konnten durch Einsetzen eines neuen Torsions-
fadens beseitigt werden. Die Umrechnung erfolgt nach der Gleichung:

$$\frac{w'}{w} = \frac{e'}{e}.$$

B. Einfluß mechanischer Bearbeitungsgänge.

Bevor an die Durchführung des eigentlichen Arbeitsgebietes gegangen
wurde, sollte noch eine Frage gestreift werden, die in der Praxis ähnliche Schwierigkeiten bereitet und deshalb mit der vorliegenden Arbeit
im Zusammenhang steht. Ich erinnere an das Drehen dünner Scheiben,
an das Fräsen von Leisten, wo ein durch den Arbeitsgang hervorgerufenes
Verziehen eintritt. Diese Formänderungen treten immer dann auf, wenn
den im Material wirkenden Kräften nicht eine genügende Steifigkeit der
Form gegenübergestellt werden kann. Es konnte das Gebiet natürlich
nur gestreift werden, um eventuell einen Schlüssel für die Vorgänge nach
dem Härten zu finden. Zweifellos wirkt die Art der Bearbeitung auf das
Verhalten beim Härten ein. Es dürfte für die Technik ein wesentlicher
Gewinn erzielt werden, wenn diese Zusammenhänge näher studiert
werden würden und wenn eventuell durch Einschaltung einer thermischen
Behandlung die Wirkung der Bearbeitung rückgängig gemacht und damit das Verhalten beim Härten auf eine gesetzmäßigere Form zurückgeführt werden könnte. Jeder Stahl macht eine Reihe von Bearbeitungs-
gängen durch, bevor er zum Härten kommt. Man muß unterscheiden
zwischen solchen Arbeiten, die sich auf den ganzen Querschnitt (Schmieden) und solchen, die sich nur auf gewisse Teile des Querschnittes beziehen. Unter letztere Art fallen alle mechanischen Bearbeitungsgänge. Sämtliche an einem Stahl vorgenommenen Bearbeitungsgänge
haben die Deformation des Gefüges gemeinsam. Dazu zählt nicht nur
das Schmieden, sondern auch jeder Schneidprozeß, der letzten Endes
doch wieder auf ein Abtrennen zurückgeführt wird. Wenn man sich die
ganze Reihe von Gefügedeformationen, denen ein Stahl im Laufe der
Bearbeitungsgänge unterworfen wird, vergegenwärtigt, so kann es
nicht verwundern, daß starke Unregelmäßigkeiten beim Härten auftreten. Vielleicht könnte durch ein geeignetes Glühverfahren ein
stabiler Ausgangspunkt vor dem Härten erreicht werden. Die Werkstätte greift des öfteren zu solchen Mitteln. Sie erfaßt jedoch alle diese
Vorgänge nur rein gefühlsmäßig und verstrickt sich zuweilen in eine
Reihe von Widersprüchen, weil die Gebiete nicht versuchsmäßig bearbeitet sind. Der gewöhnlich in der Praxis begangene Weg, dem Auftreten von Deformationen, verursacht durch Kräfte im Material, Gegen-
kräfte von außen (durch Richten, Strecken usw.) gegenüberzustellen,
ist wohl der einfachste Weg, jedoch falsch. Er hilft nur vorübergehend,
stellt vielleicht für kurze Zeit das Gleichgewicht der Kräfte her, belebt

jedoch das Kräftespiel, anstatt die Kräfte herauszunehmen und so das Material zur Ruhe kommen zu lassen. In der Massenfertigung muß man notgedrungen auf solche Schwierigkeiten eingehen, weil man sonst immer wieder von vorne anfängt. Es unterliegt aber keinem Zweifel, daß das Studium der Bearbeitungsgänge bei jeder Art des Fabrikationsganges notwendig ist. Darin liegt ein großer Teil Betriebswissenschaft, der neben der organisatorischen Aufzäumung der Werkstätte gepflegt werden muß, wenn richtig fabriziert werden soll.

Brayshaw (7) zeigt in seinem Buch „Die Verhinderung von Härterissen in Werkzeugstahl", daß der Härteausschuß sich durch eine zweckmäßige Wärmebehandlung stark vermindern läßt. Wenn auch die Darstellung des Versuchsmaterials durch die sich auf viele Jahre hin erstreckenden Versuche gelitten hat, so dürfte es insofern interessant sein, weil Brayshaw den oben erwähnten Weg eingeschlagen hat.

Es läßt sich metallographisch der Einfluß der Kaltbearbeitung auf die Veränderung des Kornes sehr schön nachweisen. Die meist nach einer Seite hin gereckten Körner sagen nichts anderes, als daß die Elastizitätsgrenze an dieser Stelle durch den Einfluß äußerer Kräfte überschritten wurde. Die starke innere Reibung hält das Material in der ihm aufgedrückten Zwangslage fest, während die dem Material innewohnende Elastizität versucht, den normalen Zustand wieder herzustellen, was jedoch infolge der starken Reibung nicht mehr oder nur sehr langsam gelingt. Dieser Zwangszustand ist die Ursache für die sogenannten Materialspannungen. Gewalztes Material wird immer auf der Oberhaut Spannungen haben, und zwar um so mehr, je kälter das Material gewalzt wurde. Um die Wirkung mechanischer Bearbeitung kennen zu lernen, wurden je 3 Stäbe aus den oben angeführten Stählen Nr. 2, 3, 4, 5 und 1 herausgegriffen und ihre Länge an 16 Punkten des Umfanges gemessen. Die Messungen erstrecken sich auf den Rand und auf die Mitte. In den folgenden Kurven sind die Zahlen für die Mitte unberücksichtigt gelassen. Es wurde sowohl die obere, als auch untere Stirnfläche des Probekörpers abgetastet. Die für die Untersuchung verwendeten 3 Stähle jeden Materials tragen die Bezeichnung a, b und c. Nach Feststellung der Länge wurden sämtliche Stähle überdreht, also die Walzhaut entfernt. Die b-Stähle wurden weiterhin durchbohrt mit einem Spiralbohrer gleich dem halben Durchmesser, und zwar von beiden Seiten je bis zur Mitte, während die c-Stähle nach dem Überdrehen 60 Stunden bei 120^0 C erwärmt wurden. Das Durchbohren erfolgte durch 3 Bearbeitungsgänge. Zuerst wurde mit einem schwachen Bohrer vorgebohrt, mit dem Drehstahl ca. ein Drittel der Länge gedreht und mit einem weiteren Spiralbohrer aufgebohrt. Diese Bearbeitungsart stellt die geringste Beanspruchung durch die Werkzeuge dar, die man zugunsten des Materials anwenden kann. Die Ergebnisse der Messungen sind für den

2*

Material Nr. 2 (0,7 % C).

Oben gemessen.

Unten gemessen.

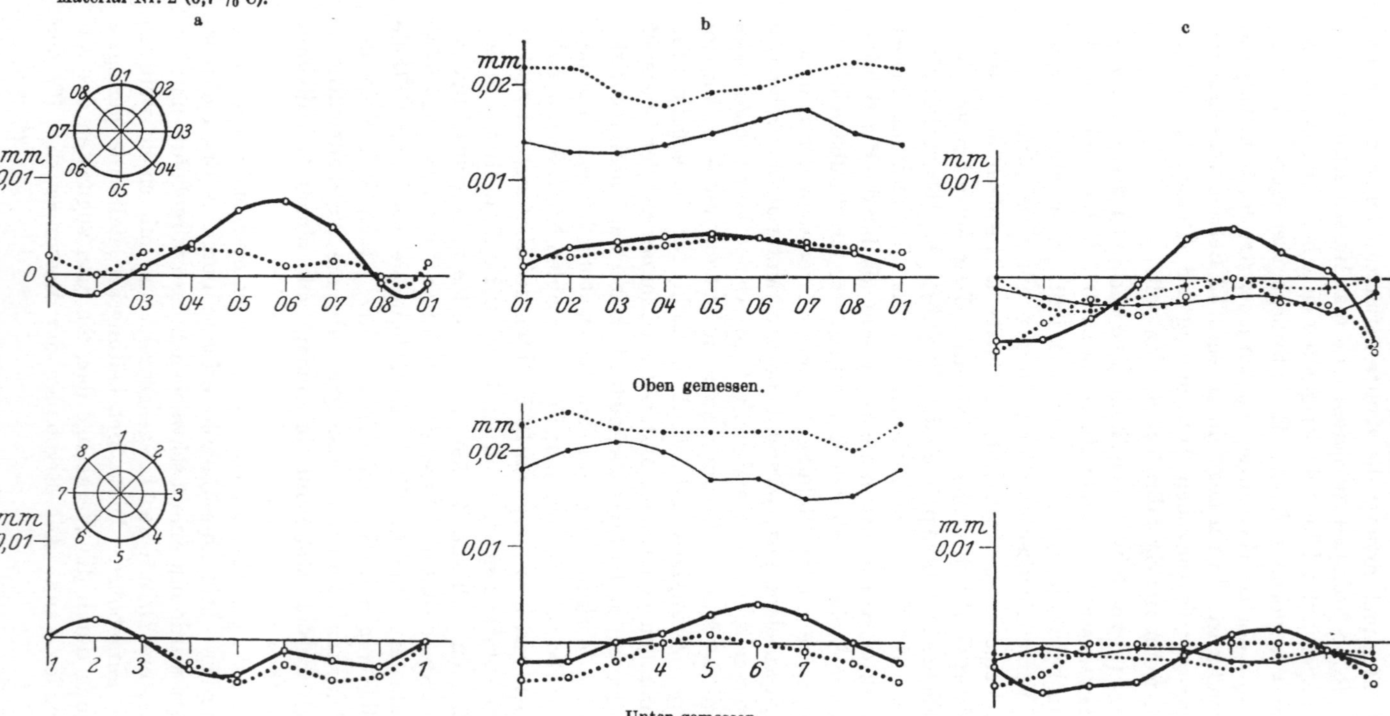

Abb. 5. Einfluß mechanischer und thermischer Arbeitsgänge auf die Längenänderung von Stahlstäben. a Längenänderung durch Überdrehen der Walzhaut o——o außen; o·······o innen. b Längenänderung durch Überdrehen der Walzhaut (starke Linien) und Bohren des gedrehten Stabes (schwache Linien). o——o ●———● außen, o·······o ●·······● innen. c Längenänderung durch Überdrehen der Walzhaut (starke Linien) und Anwärmen des gedrehten Stabes auf 120° C 2¹/₂ Tage lang (schwache Linien). o——o ●———● außen. o·······o ●·······● innen.

Material Nr. 1 (Böhler Special K 2,1 % C).

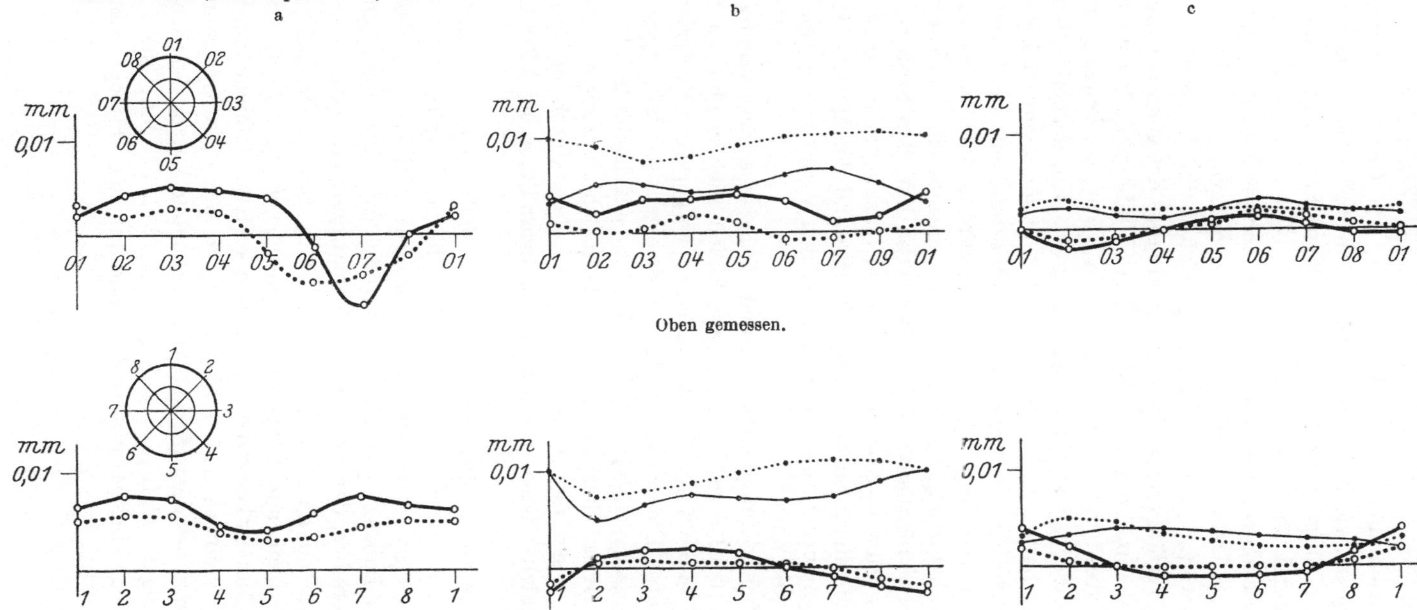

Abb. 6. Einfluß mechanischer und thermischer Arbeitsgänge auf die Längenänderung von Stahlstäben.
a Längenänderung durch Überdrehen der Walzhaut o——o außen. o•••••••o innen. b Längenänderung durch Überdrehen der Walzhaut (starke Linien) und Bohren des gedrehten Stabes (schwache Linien). o——o ●——● außen, ●••••••● ●·······● innen. c Längenänderung durch Überdrehen der Walzhaut (starke Linien) und Anwärmen des gedrehten Stahles auf 120° C 2¹/₂ Tage lang (schwache Linien), o——o ●——● außen, ●••••••● ●·······● innen.

weichsten Stahl Nr. 2 und für den härtesten Stahl Nr. 1 in den Diagrammen 5a—c und 6a—c dargestellt. Als Ordinaten sind die Längenänderungen zwischen dem betrachteten und dem vorhergehenden Arbeitsgang aufgetragen. Für die Darstellung muß man sich den Zylindermantel längs der Mantellinie 01 — 1 aufgeschnitten und in die Zeichnungsebene aufgerollt denken. Die übrigen Messungen können aus Raummangel nicht veranschaulicht, sondern nur durch die Besprechung erwähnt werden. Es zeigt sich beim Überdrehen fast durchwegs eine Verlängerung, die manchmal längs des ganzen Umfangs gleichmäßig, manchmal nur an einem Teil des Umfangs zu konstatieren ist. Rand und Kern verlängern sich ebenfalls verschiedenartig, meist jedoch ist die Änderung am Rand ausgeprägter. Ein hervorstechendes verschiedenes Verhalten der einzelnen Stähle läßt sich nicht nachweisen. Da die ungleichmäßige Veränderung der Mantellinien die Regel ist, kann man nicht annehmen, daß die Verlängerungen vom Drehvorgang, sondern vom Walzvorgang herrühren. Er verursacht eine Reckung des Materials an der Außenhaut, die das Bestreben hat, den Stab zu verkürzen, um die normalen Korngrenzen wieder einzunehmen. Nach dem Abheben der Außenhaut entfallen diese Kräfte und das Material federt in seine Ruhelage zurück, was in der gemessenen Verlängerung (bis $5\,\mu$) zum Ausdruck kommt.

Die Wärmebehandlung hatte in einem Falle eine Erweiterung der Verlängerungen (bei 1c) zur Folge, in zwei Fällen blieb sie ohne Einfluß, während sie bei 5c die durch das Abdrehen hervorgerufene Veränderung rückgängig machte. Dieser letztere Fall würde eigentlich dafür sprechen, daß der Drehvorgang selbst nicht ohne Wirkung auf das Material bleibt. Doch kann auf Grund dieses einen Falles kein Schluß gezogen werden. Immerhin kann es sich nur um einen Kräfteausgleich durch die Wärmebehandlung handeln, denn eine Molekularumwandlung bei 120^{0} C ist ausgeschlossen.

Das Durchbohren der Proben hat in allen Fällen eine beträchtliche Verlängerung hervorgerufen, so zwar, daß die Verlängerung bei den weicheren Stählen größer ist als bei den härteren Stählen. Die Verlängerung ist an der Bohrung größer als am Rande. Sie rührt vom Schneiddruck des Bohrers her, der bleibende Deformationen erzeugt.

Zusammenfassend kann festgestellt werden, daß mechanische Bearbeitungsgänge bleibende Formänderungen hervorrufen, die ihrerseits Spannungen im Material erzeugen. Falls kein kräftiges Glühen dem Härten vorausgeht, bleibt es sehr dahingestellt, ob sich diese Spannungen lediglich auf Grund des dem Härten vorausgehenden kurzen Anwärmens durch Umlagerung des Gefüges beheben. Es muß eher angenommen werden, daß dies nicht eintritt, und daß sie dadurch den Härteprozeß ungünstig beeinflussen.

C. Die Änderung beim Härten.

Es ist eine allgemein gültige Forderung, daß bei vergleichenden Versuchen sämtliche Faktoren, die infolge ihres Einflusses Fehlermöglichkeiten erzeugen können, konstant gehalten werden müssen. Beim Härten treten viele Umstände ein, die, um einen gleichmäßigen Härtezustand erreichen zu lassen, berücksichtigt werden müssen. Es sind dies in erster Linie die Temperatur des Härteraumes, die Anwärmzeit, Art und Temperatur der Kühlflüssigkeit, die benötigte Zeit, um vom Feuer in die Kühlflüssigkeit zu gelangen, die Wärmeleitfähigkeit des Härteraumes und schließlich die Art der Bewegung des Härtegutes in der Kühlflüssigkeit. Sie beeinflussen in ihrer Wirkung einerseits die Temperatur des zu härtenden Stückes, andererseits die Kühlgeschwindigkeit. Wenn es die Durchführung der Versuche ermöglicht hätte, daß sämtliche Proben desselben Materials durch eine Einhängung in den Härteraum zu härten gewesen wären, dann wäre als einzige Veränderliche nur die Temperatur des Härteraumes übrig geblieben, wenn man annimmt, daß die Wärmeleitfähigkeit verschiedener Stahlsorten praktisch nicht ins Gewicht fällt. Das Ansetzen sämtlicher Versuchsserien gleichzeitig war jedoch unstatthaft, da der größte Teil der zeitlichen Änderungen im Anfang vor sich geht. Dies hätte zu einer Verfälschung der tatsächlichen Verhältnisse führen können und somit war diese Behandlung des Arbeitsprogrammes nicht angängig. Soweit das Versuchsmaterial bewältigt werden konnte, wurde vom gleichzeitigen Härten Gebrauch gemacht.

Das Härten erfolgte in einem Salzbad zu 1 Teil Chlornatrium und 1 Teil Chlorbarium. Die Anwärmzeit betrug 10 Min., die Temperatur der Kühlflüssigkeit schwankte zwischen 20 und 30° C, die Kühlflüssigkeit war ca. 1 m vom Salzbad entfernt, die Temperaturkontrolle geschah mit einem geeichten Thermoelement aus Platin-Platinrhodium. Die Proben wurden durch einen schmalen Eisenring mittels drei durch den Ring hindurchgehender Schrauben gehalten. Vom Eisenring wurde der Aufhängedraht über die Zange geführt, so daß dieselbe nicht mit den Proben in Berührung kam und ein senkrechtes Eintauchen der Proben in die Kühlflüssigkeit gegeben war. Es wurden folgende Versuchsreihen durchgeführt:

1. Messung der natürlichen Änderungen (zeitliche Nachwirkungen bei Zimmertemperatur) an Proben, die keiner weiteren thermischen Behandlung unterworfen wurden.

2. Tempern durch abwechselndes Tauchen in kaltes und warmes Wasser.

3. Tempern in einer gewissen Zeitenfolge bis 500 Stunden bei
a) 100° C, b) 110° C, c) 120° C und d) 150° C.

4. Tauchen in flüssige Luft.

Dichte- und Längenmessungen wurden bei allen Versuchsserien vorgenommen. Bei der Versuchsreihe 3 und 4 wurde auch die Änderung des spezifischen Leitwiderstandes untersucht.

Die Bezeichnungen der Probekörper sind in der folgenden Tabelle zusammengestellt.

Zahlentafel 5.

Bezeichnung der Versuchsserie	2	5	3	1	6	4
Zeitliche Nachwirkungen bei Zimmertemperatur .	2a	5a	3a	—	6a	—
Tempern im Wechselbad .	2	5	—	1	6b	4
Tempern bei 100°	2d	5d, 5g	3d, 3g	1d	6	4c, 4g
„ „ 110°	—	5h	3h	—	—	4h
„ „ 120°	2e	5e	3e	1e	6c	4e
„ „ 150°	2f	5f	3f	1f	6d	4f
Tauchen in flüssige Luft .	—	5i	3i	—	—	4i

Die Bezifferung bei den einzelnen Versuchsserien ist deswegen nicht einheitlich, weil beim Aufschreiben der Nummern, was durch Ätzen geschah, einige zu tief eingefressen waren und deshalb ausgeschieden wurden, da sonst bei der Dichtebestimmung infolge der anhaftenden Luftbläschen starke Fehler entstanden wären.

Trägt man in der Tabelle neben den Bezifferungen die Dichten der weichen Proben ein, so ergibt sich folgende Zusammenstellung:

Zahlentafel 6. Dichten der weichen Proben.

Bezeichnung der Versuchsserie	Art des Materials											
	2		5		3		1		6		4	
Zeitl. Nachwirkungen bei Zimmertemperatur	2a	7,8050 ·	5a	7,8182 ·	3a	7,8249 ·		—	6a	7,6690 ·		—
Altern im Wechselbad	2	7,8177 ·	5	7,8151 ·		—	1	7,6551 ·	6b	7,6696 ·	4	7,8697 ·
Altern bei 100° C 1. Versuchsserie		—	5d	7,8183 ·	3d	7,8265 ·	1d	7,6564 ·	6	7,6660 ·	4c	7,8807 ·
Altern bei 100° C 2. Versuchsserie	2d	7,8227 ·	5g	7,7986 ×	3g	7,8192 ×		—		—	4g	7,8857 ·
Altern bei 110° C		—	5h	7,7987 ×	3h	7,8194 ×		—		—	4h	7,8856 ·
„ „ 120° C	2e	7,8251 ×	5e	7,8127 ·	3e	7,8204 ×	1e	7,6593 ·	6c	7,6697	4e	7,8788 ·
„ „ 150° C	2f	7,8253 ×	5f	7,8086 ·	3f	7,8212 ×	1f	7,6585 ·	6d	7,6690	4f	7,8797 ·
Tauchen in flüssige Luft . . .		—	5i	7,7990 ×	3i	7,8191 ×		—		—	4i	7,8855 ·

Man ersieht daraus, daß die Dichten erheblich voneinander abweichen. Die mit Punkt und Kreuz bezeichneten Proben sind als zusammengehörig zu betrachten, weil sie je von einer Stange abgeschnitten wurden. Es zeigen sich nahezu dieselben Abweichungen innerhalb derselben Stange als die Stangen gegen andere haben. Die Abweichungen sind bei den Kohlenstoffstählen größer. Ihre größte Differenz beträgt 0,02, d. i.

0,25%, dann folgt das Material Nr. 4 mit 0,016, d. i. 0,2%, dann das Material Nr. 3 mit 0,007, d. i. 0,09 % und schließlich die Stähle Nr. 1 und Nr. 6 mit 0,004, d. i. 0,05 % Abweichung. Beim Stahl Nr. 4, der von 3 Laboratorien untersucht wurde, zeigen die Prozentangaben der Kohlenstoffanalysen Abweichungen von 11%, der Chromgehalt solche von 15%, der Wolframgehalt 20%, der Mangangehalt 25%.

In der Zahlentafel 7 sind in der gleichen Weise die Dichten der gehärteten Proben zusammengetragen. Die Dichteverringerungen der gehärteten Proben gegenüber den weichen sind in Prozenten ausgedrückt. Dazu ist noch zu bemerken, daß die 2. Serie der 100°-Temperung und die materialgleichen Proben der 110°-Temperung an einem Haken gleichzeitig gehärtet wurden. Dasselbe bezieht sich auf die einander zugeordneten Proben der 120°- und 150°-Temperung. Dies ist also im Sinne der oben erwähnten günstigsten Härtung. Trotzdem ergeben sich auch hier Differenzen.

Die Längenänderungen konnten nicht überall gemessen werden, da manche Proben durch die Einwir-

Zahlentafel 7. Dichten der gehärteten Proben.

Bezeichnung der Versuchsserie	Art des Materials																	
	2			5			3			1			6			4		
		Dichte	%		Dichte	%		Dichte	%		Dichte	%		Dichte	%		Dichte	%
Zeitliche Nachwirkungen bei Zimmertemperatur	2a	7,7798	—0,32	5a	7,7731	—0,58	3a	7,7652	—0,76	—	—	—	6a	7,6492	—0,26	—	—	—
Altern im Wechselbad	2	7,7912	—0,34	5	7,7923	—0,29	—	—	—	1	7,6372	—0,23	6b	7,6422	—0,36	4	7,8342	—0,45
Altern bei 100° C 1. Versuchsserie	—	—	—	5d	7,7874	—0,39	3d	7,7693	—0,73	1d	7,6397	—0,22	6	7,6503	—0,21	4c	7,8553	—0,32
Altern bei 100° C 2. Versuchsserie	2d	7,7881	—0,44	5g	7,7586	—0,52	3g	7,7676	—0,66	—	—	—	—	—	—	4g	7,8498	—0,46
Altern bei 110° C	—	—	—	5h	7,7617	—0,47	3h	7,7618	—0,74	—	—	—	—	—	—	4h	7,8487	—0,47
Altern bei 120° C	2e	7,7924	—0,42	5e	7,7864	—0,34	3e	7,7744	—0,59	1e	7,6243	—0,46	6c	7,6470	—0,30	4e	7,8285	—0,65
Altern bei 150° C	2f	7,7925	—0,42	5f	7,7885	—0,26	3f	7,7716	—0,64	1f	7,6244	—0,45	6d	7,6466	—0,29	4f	7,8304	—0,63
Tauchen in flüssige Luft	—	—	—	5i	7,7556	—0,56	3i	7,7620	—0,73	—	—	—	—	—	—	4i	7,8388	—0,59

kung des Salzbades etwas angefressen waren. Die Meßsicherheit erreicht hier natürlich nicht die im Absatz über Meßgenauigkeit angeführten Zahlen, da die Flächen durch das Härten nicht mehr einwandfrei definiert waren. In der Zahlentafel 8 sind die Längenänderungen in Prozenten der Gesamtlänge (in diesem Fall, da die Proben 100 mm lang sind, gleich der Änderung in Millimetern zusammengetragen. Verlängerungen sind durch ein Pluszeichen, Verkürzungen durch ein Minuszeichen angegeben.

Zahlentafel 8. Längenänderungen der gehärteten Proben (in mm = $^0/_0$ der Länge).

Bezeichnung der Versuchsserie	Art des Materials											
	2		5		3		1		6		4	
Zeitliche Nachwirkungen bei Zimmertemperatur .	2a	+ 0,44	5a	—0,01	3a	+ 0,15	—	—	6a	+ 0,10		—
Altern im Wechselbad . .	2	+ 0,13	5	—0,01	—	—	1	+ 0,11	6b	+ 0,02	4	+ 0,03
Altern bei 100° C 1. Versuchsserie	—	—	5d	—0,08	3d	+ 0,35	1d	+ 0,11	6	+ 0,09	4c	+ 0,10
Altern bei 100° C 2. Versuchsserie	2d	+ 0,19	5g	0,00	3g	+ 0,16	—	—		—	4g	+ 0,04
Altern bei 110° C	—	—	5h	+ 0,02	3h	+ 0,12	—	—		—	4h	+ 0,04
Altern bei 120° C	2e	waren	5e	vom	3e	Salz	1e	an-	6c	ge-	4e	fressen
Altern bei 150° C	2f	des-	5f	halb	3f	Bestim-	1f	mung	6d	wert-	4f	los
Tauchen in flüssige Luft .	—	—	5i	—0,04	3i	+ 0,14	—	—		—	4i	+ 0,16

Im allgemeinen treten also Verlängerungen ein. Nur der Kohlenstoffstahl Nr. 5 scheint Neigung zur Verkürzung beim Härten zu besitzen. Die Veränderungen der Längen bei demselben Material sind sehr voneinander verschieden. Sie korrespondieren nicht mit den Dichteänderungen, da z. B. kleinere Dichteänderungen größere Längenänderungen und gleiche Dichteänderungen verschiedene Längenänderungen zeigen. Die Meinung in der Praxis, daß sich die Stähle Nr. 1 und Nr. 6 nicht verziehen, kann durch den Versuch nicht bestätigt werden, es sei denn, daß bei der Lufthärtung, die bei diesen Stählen auch möglich ist, derartige Änderungen nicht auftreten.

Es wurde versucht, auch die Durchmesseränderungen der Stähle zu messen. Es ergaben sich jedoch derartige Ungenauigkeiten in der Messung, daß die Durchmesseränderungen nicht weiter durchgeführt wurden. Die Änderungen waren im Verhältnis zu den Meßfehlern, die vor allem in der ungenauen Definition der Meßstelle bedingt war, zu klein. Für eine Serie wurden die Durchmesseränderungen für den mittleren Durchmesser aus Dichte und Länge rechnerisch ermittelt. In der Zahlentafel 9 sind die Resultate in Prozenten des ganzen Durchmessers wiedergegeben:

Zahlentafel 9. Prozentuale Durchmesseränderungen.

Bezeichnung der Versuchsserie	Art des Materials			
	5d	3d	1d	4c
Tempern bei 100° C	+ 0,04	—0,13	+ 0,04	+ 0,10

Demnach wäre der Stahl 4 ein für Lehren sehr geeignetes Material, weil er sich räumlich gleichmäßig ändert. Die Messung deckt sich hier mit den Erfahrungen in der Praxis, die ihn mit Erfolg für die eingangs erwähnten Zwecke verwendet. Beim Stahl Nr. 1 treten in der Länge größere Änderungen ein, als im Durchmesser. Doch bildet die Art der Änderung beim Härten allein kein abschließendes Kriterium für seinen gedachten Verwendungszweck. Die übrigen Stähle zeigen willkürliche Änderungen, die beim Stahl Nr. 2 und Nr. 3 in einer vorherrschenden Verlängerung, beim Stahl Nr. 5 in einer vorherrschenden Vergrößerung des Durchmessers bestehen.

Die Frage der Änderung des spezifischen Leitwiderstandes beim gehärteten Stahl ist in der Literatur noch wenig geklärt. Die folgenden Zahlenangaben dürften demnach von allgemeinem Interesse sein. In der Zahlentafel 10 sind zunächst die spezifischen Leitwiderstände der ungehärteten Proben wiedergegeben.

Zahlentafel 10. Spez. Leitwiderstände der ungehärteten Proben in $\dfrac{\text{Ohm mm}^2}{\text{m}}$

Bezeichnung der Versuchsserie	Art des Materials											
	2		5		3		1		6		4	
Temperung bei 100° .	2d	0,200	5g	0,244	3g	0,225	—	—	—	—	4g	0,273
Temperung bei 110° .	—	—	5h	0,249	3h	0,225	—	—	—	—	4h	0,276
Temperung bei 120° .	2e	0,200	5e	0,231	3e	0,224	1e	0,419	6c	0,378	4e	0,263
Temperung bei 150° .	2f	0,200	5f	0,231	3f	0,219	1f	0,414	6d	0,385	4f	0,263
Tauchen in flüssige Luft	—	—	5i	0,249	3i	0,225	—	—	—	—	4i	0,276

Durch Vergleich der Leitwiderstände für die einzelnen Materialien ergibt sich, daß der Widerstand ziemlich proportional mit dem Kohlenstoffgehalt wächst und daß Zusätze von Cr, Wo und Mn einen geringen Einfluß auf das Leitvermögen ausüben.

Beim Härten steigert sich der spezifische Leitwiderstand. Aus der Zahlentafel 11 ist die prozentuale Steigerung gegenüber den weichen Proben zu ersehen.

Zahlentafel 11. Prozentuale Steigerung des spez. Leitwiderstandes beim Härten.

Bezeichnung der Versuchsserie	Art des Materials											
	2		5		3		1		6		4	
Temperung bei 100° . .	2d	37	5g	47	3g	93	—	—	—	—	4g	61,5
„ „ 110° . .	—	—	5h	41	3h	101	—	—	—	—	4h	57
„ „ 120° . .	2e	24,5	5e	17	3e	71,5	1e	40,5	6c	48	4e	75
„ „ 150° . .	2f	29,5	5f	12,4	3f	81	1f	45	6d	44,5	4f	74
Tauchen in flüss. Luft	—	—	5i	39	3i	87	—	—	—	—	4i	61

Diese Zahlen beweisen deutlich, daß das Härten eine Stoffänderung ist. Bei den Kohlenstoffstählen steigert sich der spez. Leitwiderstand weniger, als bei den anderen Stählen, was auf das unvollständige Durchhärten des Querschnittes zurückzuführen ist. Die geringe Steigerung

bei den Proben 5e und 5f deutet auf eine mangelhafte Umwandlung
hin, da nach Benedicks der elektrische Widerstand dem in Lösung
befindlichen Kohlenstoff (Härtungskohle) proportional ist. Sie stimmt mit
der geringen Dichteänderung überein. Während die gut gehärteten Proben eine Shorehärte von 90 zeigten, hatten die Proben 5e und 5f nur
eine solche von 75. Auffallend ist ferner, daß der Leitwiderstand bei
den übereutektischen Stählen sich weniger erhöht, als bei den untereutektischen. Der Einfluß des Zementits ist demnach geringer als der
des Perlits. Immerhin zeigt sich auch, daß eine Steigerung entsprechend
der Menge des Zementits eintritt.

D. Zeitliche Nachwirkungen gehärteter Stähle.

Es war für die Erforschung der künstlichen Alterung die Kenntnis
zeitlicher Nachwirkungen notwendig. Man versteht darunter jede, ohne
besondere Behandlung eintretende Zustandsänderung allgemeiner Art,
die praktisch in Formänderungen zum Ausdruck kommt. Ob es sich um
eine stoffliche Änderung handelt, oder ob die Nachwirkungen durch einen
molekularen Kräfteausgleich bedingt sind, muß der Versuch klären.
Dichteuntersuchungen stellen auf jeden Fall die Änderung des Volumens
fest. Sie werden durch Längenmessungen hinsichtlich der Frage er-
gänzt, ob die Änderungen isotrop vor sich gehen oder nicht. Die für
den Versuch angesetzten Probestäbe wurden unter Einhaltung der für
das Härten angegebenen Vorsichtsmaßregeln gehärtet; hierauf wurde
sofort die Dichte- und Längenmessung vorgenommen. Die Änderungen
wurden bereits in den Zahlentafeln 7 und 8 angegeben. Dann blieben die
Proben im gleichen Raum liegen und wurden in der Zeitenfolge nach
Zahlentafel 12 und 13 wieder gemessen. Es wird ausdrücklich bemerkt,
daß die Proben vor jeder natürlichen Wärmebehandlung (z. B. Sonnen-
bestrahlung), die zahlenmäßig nicht erfaßt werden kann, geschützt
wurden. Sie machten lediglich die natürlichen Schwankungen der
Zimmertemperatur von durchschnittlich 19^0 C durch, die etwa $\pm 5^0$ C
betrugen.

Zahlentafel 12. Dichteänderungen durch zeitliche Nachwirkungen.

Zeitenfolge	Bezeichnung des Probestabes							
	2a	in %	5a	in %	3a	in %	6a	in %
gehärtet	7,7798	—	7,7731	—	7,7652	—	7,6492	—
nach 6 Tagen .	7,7795	— 0,004	7,7733	+ 0,003	7,7653	+ 0,001	7,6484	— 0,010
„ 28 „ .	7,7796	— 0,003	7,7749	+ 0,023	7,7655	+ 0,004	7,6483	— 0,012
„ 56 „ .	7,7795	— 0,004	7,7754	+ 0,029	7,7658	+ 0,008	7,6483	— 0,012
„ 138 „ .	7,7795	— 0,004	7,7762	+ 0,040	7,7667	+ 0,019	7,6486	— 0,008
„ 1 Jahr . .	7,7803	+ 0,006	7,7781	+ 0,064	7,7683	+ 0,040	7,6490	— 0,003
„ $2^1/_2$ Jahren	7,7813	+ 0,019	7,7798	+ 0,085	7,7700	+ 0,062	7,6497	+ 0,006

Zahlentafel 13. Längenänderungen durch zeitliche Nachwirkungen.

Zeitenfolge	Bezeichnung des Probestabes							
	2a	in %	5a	in %	3a	in %	6a	in %
gehärtet . . .	100,478	—	99,899	—	100,118	—	99,697	—
nach 6 Tagen	100,477	—0,001	99,894	—0,005	100,117	—0,001	99,697	—0,000
„ 28 „	100,476	—0,002	99,889	—0,010	100,115	—0,003	$99,695_5$	$—0,001_5$
„ 56 „	100,475	—0,003	99,887	—0,012	100,113	—0,005	99,695	—0,002
„ 138 „	100,473	—0,005	99,881	—0,018	100,110	—0,008	99,694	—0,004
„ 1 Jahr .	100,470	—0,008	99,873	—0,026	100,104	—0,014	99,691	—0,006
„ $2^1/_2$ Jahr.	100,466	—0,012	99,865	—0,034	100,097	—0,021	$99,690_5$	$—0,006_5$

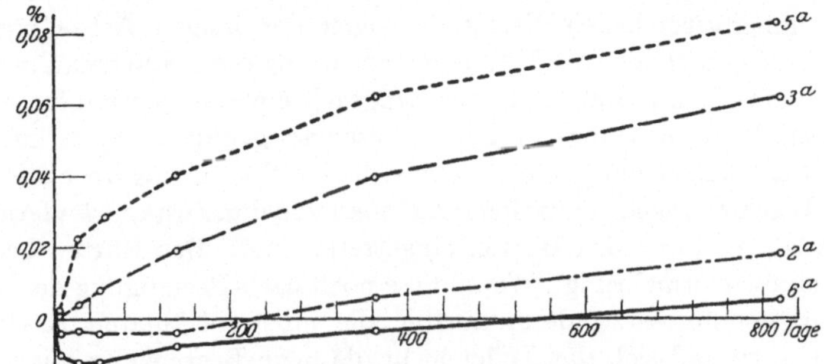

Abb. 7. Dichteänderungen durch zeitliche Nachwirkungen.

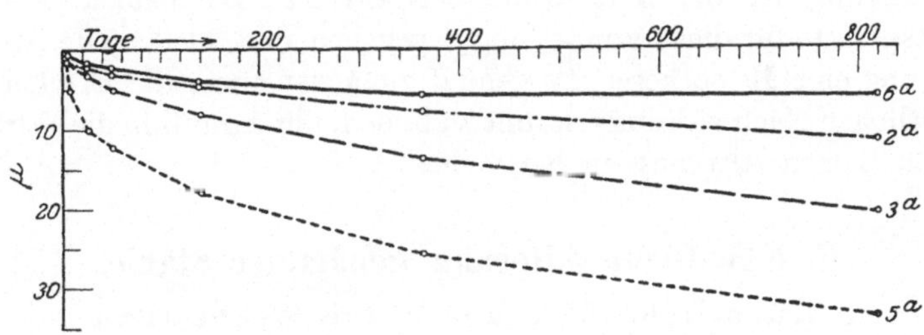

Abb. 8. Längenänderungen durch zeitliche Nachwirkungen.

Die Versuchsergebnisse sind in den Abb. 7 und 8 dargestellt. Es zeigt sich sowohl bei den Dichte- als auch bei den Längenmessungen ein ausgesprochen parabolischer Verlauf der Änderungen entsprechend der Beziehung

$$y = c \cdot x^2$$

oder wahrscheinlicher ein Verlauf entsprechend der Gleichung

$$y = y_0 \cdot e^{k \cdot x}$$

und zwar folgen ihrer Größenordnung nach die Materialien in der Reihenfolge 5a, 3a, 2a und 6a. Die Probestäbe 5a und 3a machen Volumenverminderung durch, während 2a und 6a ihr Volumen zunächst vergrößern.

Die Länge nimmt bei allen Stäben ab. Die des Werkzeugstahles 5a hat sich in einem Jahr um 26 μ verringert, was eine sehr beträchtliche Änderung darstellt. Aus dem Verlauf der Kurven zu schließen, ist die Alterung des Materials noch lange nicht beendet. Denkt man sich diese Änderungen auf die Herstellung von Endmaßen übertragen, dann ist der Festlegung eines absoluten Maßes jeder Boden entzogen. Derartige Abweichungen vom Normalmaß würden in der Technik haltlose Zustände erzeugen. Der Versuch lehrt, wie praktisch wichtig die Frage der zeitlichen Nachwirkungen für das gesamte Meßwesen ist. Über das Wesen der zeitlichen Nachwirkungen lassen sich auf Grund des Versuches nur Vermutungen aussprechen. Auffallend ist, daß sich bei den Stählen 6a und 2a trotz der Volumenvermehrung Verminderungen der langen Achse ergeben haben. Indes schließt eine Volumenvermehrung diese Erscheinung nicht aus. Es brauchen ja nur die in der Längsachse wirkenden Kräfte gegenüber den Kräften senkrecht zur Längsachse genügend klein zu sein, dann ist der Fall schon gegeben. Um sich eine Vorstellung über die wirksamen Erscheinungen zu machen, muß man von den Zustandsänderungen ausgehen, die durch das Härten eingetreten sind. Das Härten bedingt eine Volumenvermehrung. Wenn diese noch nach Beendigung der Kühlwirkung sich fortsetzt, dann dürften die innermolekularen Kräfte zu groß sein, so daß sich das Teilchen in die neue Begrenzung seines ihm vorgeschriebenen Raumes nicht einengen läßt. Im Falle der Volumenverminderung ist das Kräftespiel umgekehrt. Da jedoch keinerlei Anhaltspunkte für diese Vorstellungen gegeben sind, bleibt jede Art von Erklärung eine Hypothese. Es genügt zunächst auch, die Erscheinung der zeitlichen Nachwirkung erkannt zu haben, um daraufhin die Wirkung der künstlichen Alterung zu beurteilen.

E. Künstliche Alterung gehärteter Stähle.

1. Künstliche Alterung durch Wechselbad.

Die Methode der künstlichen Alterung durch abwechselndes Tauchen in kaltes und warmes Wasser hat sich sicherlich aus dem Bestreben heraus entwickelt, die natürlichen Schwankungen der Raumtemperatur nachzuahmen. Vom rein gefühlsmäßigen Standpunkt neigt man immer dazu, die im Innern des Materials wirksamen Kräfte möglichst durch gegensätzliche Zustände tot zu machen. Aus derselben Vorstellung heraus mag sich das eingangs erwähnte Tauchen in flüssige Luft herausgebildet haben. Man geht stillschweigend von der Voraussetzung aus, daß das Wesen der natürlichen Alterung, nämlich die Unterwerfung unter die Temperaturschwankungen, der Vernichtung der durch das Härten im Material erzeugten Spannungen am besten dienlich ist. Die Annahme ist jedoch vorerst durch nichts begründet. Betrachtet man die Alterung vom Standpunkt der Wärmewirkung, dann bedeutet jede Temperaturverminderung eine Verzögerung des Prozesses, es sei denn, daß Temperaturstöße vorzugsweise geeignet wären, den labilen Zustand aufzuheben. Durch Bewertung der Wirkung von Alterungsmethoden, die sich auf diesen beiden Anschauungen aufbauen, wird sich herausstellen, ob die eine oder andere den Tatsachen entspricht. Ein Umstand darf bei beiden Hypothesen nicht vergessen werden. Die Alterung besteht in der Beseitigung eines unstabilen Zustandes. Nun kann der stabile Zustand sowohl durch Ausgleich der inneren Kräfte, als durch eine stoffliche Änderung erreicht werden. Es wird vor allem einem metallographischen Studium der Alterungsvorgänge vorbehalten bleiben, diese Frage zu klären.

Um die Methode der Temperatur-Wechsel-Wirkung von der Konstant-Temperatur-Wirkung zu trennen, darf letztere nicht mit ihr kombiniert werden. Der Probestab durfte nur so lange der Wirkung unterworfen werden, bis die Temperatur seiner neuen Umgebung erreicht war. Es wurde angenommen, daß die Zeit von 2 Minuten ausreichend ist, damit der Probestab das Temperaturgefälle zwischen dem kalten und kochenden Wasser durchschreiten kann. Die Stäbe wurden deshalb abwechselnd 2 Min. in siedendes Wasser und 2 Min. in kaltes Wasser (Leitungswasser) getaucht. Durch fortwährendes Laufenlassen konnte die Temperaturschwankung des Leitungswassers auf $\pm 2^0$ C herabgedrückt werden. Die Temperatur des Leitungswassers schwankte während des gesamten Versuches zwischen 8 und 12^0 C. Insgesamt wurden die Proben 600 mal je ins kalte und warme Wasser getaucht. Nach dem Härten wurden sie an den Stirnflächen nach der im Absatz über „Vorbereitung der Proben" angeführten Behandlung neu justiert. Die in der Zeitenfolge angegebene Wechselzahl gibt jeweils die Gesamtzahl der ausgeführten wechselnden Behandlungen an. In den folgenden Zahlentafeln sind die sich ergebenden Dichte- und Längenänderungen zusammengestellt.

Zahlentafel 14. Dichteänderungen beim Altern im Wechselbad.

Wechselfolge	Bezeichnung der Probestäbe									
	2	in %	5	in %	1	in %	6b	in %	4	in %
gehärtet	7,7912		7,7923		7,6372		7,6422		7,8342	
5 mal à 2 Min..	7,7951	+ 0,05	7,7945	+ 0,029	7,6339	— 0,043	7,6486	+ 0,084	7,8365	+ 0,029
15 „ „ 2 „ .	7,7941	+ 0,037	7,7957	+ 0,045	7,6323	— 0,064	7,6468	+ 0,060	7,8370	+ 0,035
35 „ „ 2 „ .	7,7932	+ 0,025	7,7961	+ 0,049	7,6318	— 0,070	7,6469	+ 0,061	7,8374	+ 0,041
75 „ „ 2 „ .	7,7933	+ 0,026	7,7972	+ 0,063	7,6321	— 0,067	7,6473	+ 0,066	7,8388	+ 0,059
155 „ „ 2 „ .	7,7936	+ 0,032	7,7974	+ 0,066	7,6321	— 0,067	7,6480	+ 0,076	7,8395	+ 0,068
315 „ „ 2 „ .	7,7935	+ 0,029	7,7977	+ 0,070	7,6320	— 0,068	7,6482	+ 0,079	7,8400	+ 0,074
600 „ „ 2 „ .	7,7937	+ 0,031	7,7985	+ 0,080	7,6320	— 0,068	7,6485	+ 0,082	7,8403	+ 0,078
Ohne weitere Behandlung nach 19 Monaten . .	7,7957	+ 0,058	7,7994	+ 0,091	7,6352	— 0,026	7,6495	+ 0,095	7,8424	+ 0,104

Zahlentafel 15. Längenänderungen beim Altern im Wechselbad.

Wechselfolge	Bezeichnung der Probestäbe									
	2	in %	5	in %	1	in %	6b	in %	4	in %
gehärtet und justiert . . .	99,912		99,805		99,739		99,451		99,851	
5 mal à 2 Min.	99,905	—0,007	99,792	—0,013	99,736	—0,003	99,447	—0,004	99,842	—0,009
15 „ „ 2 „	99,898	—0,014	99,786	—0,019	99,734	—0,005	99,447	—0,004	99,836	—0,015
35 „ „ 2 „	99,896	—0,016	99,780	—0,025	99,733	—0,006	99,444	—0,007	99,832	—0,019
75 „ „ 2 „	99,893	—0,019	99,774	—0,031	$99,732_5$	$—0,006_5$	99,443	—0,008	99,828	—0,023
155 „ „ 2 „	99,888	—0,024	99,769	—0,036	99,732	—0,007	99,441	—0,010	99,822	—0,029
315 „ „ 2 „	99,887	—0,025	99,765	—0,040	99,733	—0,006	99,439	—0,012	99,820	—0,031
600 „ „ 2 „	99,885	—0,027	99,761	—0,044	99,733	—0,006	99,437	—0,014	99,817	—0,034
Ohne weitere Behandl. nach 19 Monaten .	99,885	—0,027	99,761	—0,044	$99,735_6$	$—0,003_4$	99,436	—0,015	99,814	—0,037

Die Darstellung der Versuchswerte nach Abb. 9 und 10 zeigt, daß diese künstliche Alterung ihrem Wesen nach mit der natürlichen zu-

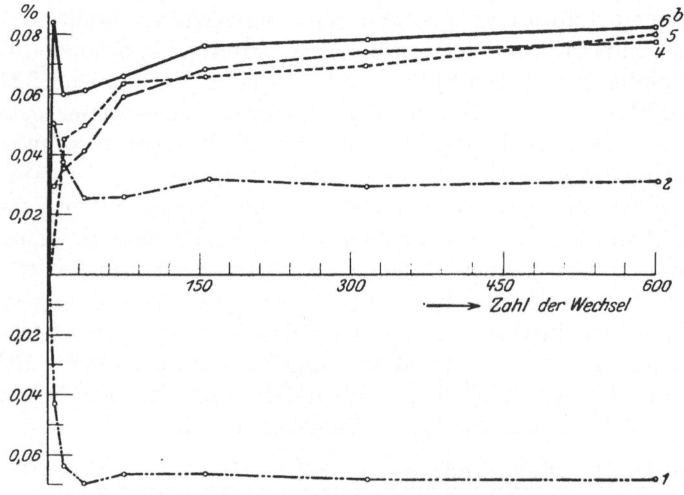

Abb. 9. Dichteänderung beim Altern im Wechselbad.

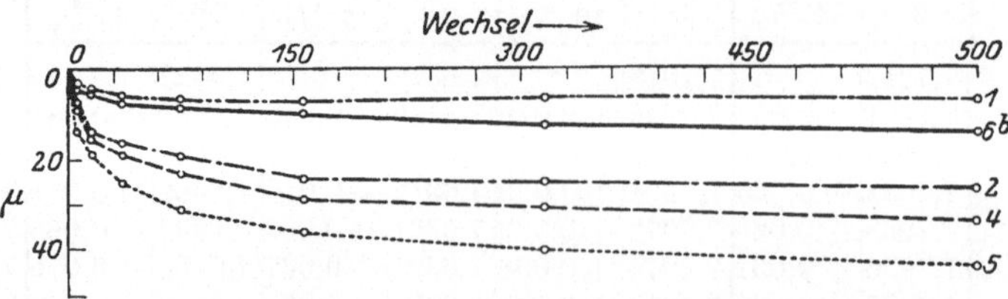

Abb. 10. Längenänderung beim Altern im Wechselbad.

sammenfällt. Der Verlauf der Kurven bringt auch hier wieder stärkere Änderungen am Anfang der Alterung. Die größten Änderungen macht

der Werkzeugstahl durch. Die küstnliche Alterung ist in ihrer Wirkung
bedeutend intensiver. Die Änderungen in einem Jahr bei natürlicher
Alterung entsprechen ungefähr einer 30 maligen Wechselwirkung. Die
künstliche Alterung hat trotz des häufigen Wechsels das Material noch
nicht zur Ruhe bringen können, wie die Kontrolle des physikalischen Zustandes nach 19 Mon. ergibt. Wenn man die Wirkung der künstlichen
Alterung auf die natürliche überträgt, dann dürfte die letztere nach 30 bis
40 Jahren ihren Abschluß gefunden haben. Bei dieser Überlegung wurde
angenommen, daß die Wechselbadalterung nach 1200 maligem Wechsel
zu Ende sei und daß ein 30 maliger Wechsel in der Wirkung der Lagerung
von einem Jahr entspricht. Daraus ersieht man, daß die künstliche
Alterung eine unbedingte Forderung für alle gehärteten
Gegenstände ist.

2. Alterung durch konstante Temperaturwirkung.

Es wäre eine erfreuliche Feststellung, wenn sich die Alterung durch
reine Wärmewirkung durchführen ließe. Das Verfahren der Wechsel-
temperung würde in der Durchführung nicht gerade verbilligend auf
die Kosten der Werkzeuge wirken. Abgesehen von der Zeit, die diese
Alterung bei einem etwa 1500—2000 maligen Wechsel beanspruchen
würde, wäre der Bau von selbsttätigen Einrichtungen eine unumgängliche
Forderung. Das Prinzip der heutigen Fertigung ist, bei möglichster Güte
schnell und billig zu arbeiten. Um diesen Grundsatz durchführen zu
können, müssen alle Bearbeitungsmethoden in diesem Sinne gehalten
sein. Dazu kommt noch der Umstand, daß man solchen nicht
greifbaren Vorgängen gern die nötige Beachtung entzieht, um schneller
vorwärts zu kommen.

Die künstliche Alterung durch Wärmewirkung wurde in einem selbsttätigen elektrischen Röhrenofen von Heräus durchgeführt. Der Ofen
war für die Durchführung der Arbeit äußerst praktisch, weil er keine
eigene Wartung braucht. Die Regulierung des Ofens arbeitet auf $\pm 2^0$ C
genau. Um dies zu überprüfen, wurden an einem eingeführten Thermo-
meter Ablesungen während des periodisch sich wiederholenden Ein- und
Ausschaltens des Ofens gemacht. Für die Einstellung auf 150^0 C sind
diese Ablesungen in das Diagramm nach Abb. 11 eingetragen. Die mittlere Temperatur des Ofens ergibt sich durch Planimetrierung der Fläche,
und beträgt $150{,}5^0$ C.

Um den Verlauf des Prozesses in seiner Abwicklung studieren zu
können, wurde die Wärmewirkung in einer bestimmten Zeitenfolge
unterbrochen, wobei die nötigen Dichte- und Längenmessungen vorgenommen wurden. Bei diesen Versuchsserien wurde auch der spezifische
Leitwiderstand untersucht. Die Benennung der für die Versuche verwendeten Probestäbe ist aus Zahlentafel 5 ersichtlich. Bei der 100^0-

Temperung wurden 2 Versuchsserien durchgeführt. Die Begründung hierfür ergibt sich aus dem weiteren Verlauf der Arbeit. Außerdem wurden die Wärmewirkungen bei 110°, 120° und 150° studiert, so daß

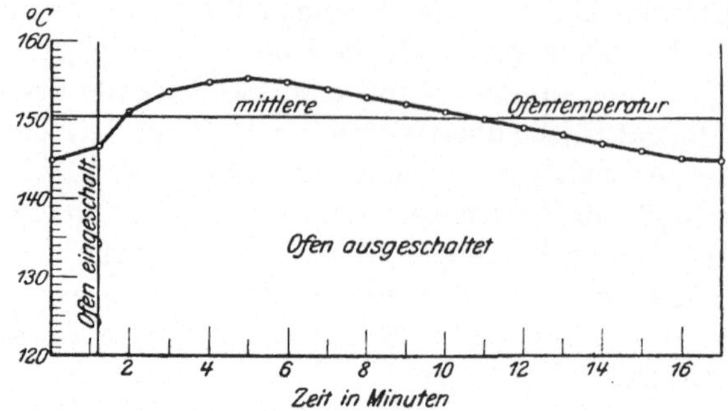

Abb. 11. Temperaturverlauf im Heräusofen während einer Heizperiode.

sich ein ziemlich abgeschlossenes Bild über die Wirkung dieser Art von Alterung ergeben dürfte. Der Einfachheit halber werden die Resultate für sämtliche Versuchsserien hintereinander mitgeteilt. Die Diskussion der Ergebnisse gewinnt dadurch an Übersichtlichkeit.

Zahlentafel 16. Dichteänderungen bei Alterung durch Anwärmen auf 100° C, 1. Versuchsserie.

Zeitenfolge	Bezeichnung der Probestäbe									
	5d	in %	3d	in %	1d	in %	6	in %	4c	in %
gehärtet . . .	7,7874		7,7693		7,6397		7,6503		7,8553	
nach:										
¹/₂ Stde. b. 100°C	7,7909	+ 0,031	7,7698	+ 0,006	7,6355	— 0,055	—	—	—	--
1¹/₂ ,, ,, ,,	7,7918	+ 0,056	7,7728	+ 0,045	7,6362	— 0,045	7,6505	+ 0,003	—	—
4 ,, ,, ,,	7,7928	+ 0,069	7,7829	+ 0,175	—	—	7,6536	+ 0,043	7,8709	+ 0,199
6 ,, ,, ,,	—	—	7,7829	+ 0,175	—	—	—	—	—	—
8 ,, ,, ,,	7,7971	+ 0,124	—	—	—	—	—	—	7,8714	+ 0,205
9 ,, ,, ,,	—	—	—	—	7,6374	— 0,030	7,6575	+ 0,094	—	—
12 ,, ,, ,,	—	—	7,7817	+ 0,160	—	—	—	—	—	—
16 ,, ,, ,,	7,7991	+ 0,150	—	—	—	—	—	—	7,8734	+ 0,231
28 ,, ,, ,,	—	—	7,7815	+ 0,157	—	—	7,6569	+ 0,086	—	—
32 ,, ,, ,,	7,7988	+ 0,146	—	—	—	—	—	—	7,8752	+ 0,254
44 ,, ,, ,,	—	—	—	—	7,6404	+ 0,010	—	—	—	—
50 ,, ,, ,,	—	—	7,7835	+ 0,183	—	—	—	—	—	—
64 ,, ,, ,,	7,7957	+ 0,106	—	—	—	—	—	—	7,8742	+ 0,241
80 ,, ,, ,,	—	—	—	—	—	—	7,6561	+ 0,076	—	—
92 ,, ,, ,,	—	—	—	—	7,6417	+ 0,026	—	—	7,8738	+ 0,236
100 ,, ,, ,,	—	—	7,7841	+ 0,190	—	—	—	—	—	—
115 ,, ,, ,,	7,7954	+ 0,103	—	—	—	—	—	—	—	—
130 ,, ,, ,,	7,7988	+ 0,145	—	—	—	—	—	—	—	—
150 ,, ,, ,,	—	—	7,7844	+ 0,194	7,6406	+ 0,012	—	—	7,8728	+ 0,223
200 ,, ,, ,,	7,8010	+ 0,174	—	—	—	—	7,6583	+ 0,105	7,8708	+ 0,198
250 ,, ,, ,,	—	—	7,7851	+ 0,204	7,6390	— 0,009	—	—	7,8728	+ 0,224
300 ,, ,, ,,	7,7983	+ 0,139	—	—	—	—	—	—	7,8737	+ 0,234
350 ,, ,, ,,	—	—	7,7846	+ 0,197	7,6416	+ 0,026	7,6590	+ 0,114	—	—
400 ,, ,, ,,	7,7988	+ 0,146	—	—	—	—	—	—	7,8728	+ 0,224
500 ,, ,, ,,	7,7987	+ 0,144	7,7854	+ 0,207	7,6420	+ 0,030	7,6592	+ 0,116	7,8735	+ 0,232

Zahlentafel 17. Längenänderungen bei Alterung durch Anwärmen auf 100 ° C.

1. Versuchsserie.

Zeitenfolge	Bezeichnung der Probestäbe									
	5d	in %	3d	in %	1d	in %	6	in %	4c	in %
gehärtet . . .	99,827		100,235		100,116		99,671		100,034	
nach:										
¹/₂ St. b. 100°C	99,806	— 0,021	100,229	— 0,006	100,114	— 0,002	—	—	—	—
1¹/₂ ,, ,, ,,	99,798	— 0,029	100,211	— 0,024	100,114	— 0,002	99,663	— 0,008	—	—
4 ,, ,, ,,	99,793	— 0,034	100,169	— 0,066	—	—	99,657	— 0,014	99,971	— 0,063
6 ,, ,, ,,	—	—	100,167	— 0,068	—	—	—	—	—	—
8 ,, ,, ,,	99,772	— 0,055	—	—	—	—	—	—	99,967	— 0,067
9 ,, ,, ,,	—	—	—	—	100,108	— 0,008	99,649	— 0,021	—	—
12 ,, ,, ,,	—	—	100,162	— 0,073	—	—	—	—	—	—
16 ,, ,, ,,	99,762	— 0,065	—	—	—	—	—	—	99,959	— 0,075
28 ,, ,, ,,	—	—	100,155	— 0,080	—	—	99,648	— 0,023	—	—
32 ,, ,, ,,	99,757	— 0,070	—	—	—	—	—	—	99,952	— 0,082
44 ,, ,, ,,	—	—	—	—	100,103	— 0,013	—	—	—	—
50 ,, ,, ,,	—	—	100,152	— 0,083	—	—	—	—	—	—
64 ,, ,, ,,	99,753	— 0,074	—	—	—	—	—	—	99,952	— 0,082
80 ,, ,, ,,	—	—	—	—	—	—	99,647	— 0,024	—	—
92 ,, ,, ,,	—	—	—	—	100,104	— 0,012	—	—	99,948	— 0,086
100 ,, ,, ,,	—	—	100,155	— 0,080	—	—	—	—	—	—
115 ,, ,, ,,	99,752	— 0,075	—	—	—	—	—	—	—	—
130 ,, ,, ,,	99,750	— 0,077	—	—	—	—	—	—	—	—
150 ,, ,, ,,	—	—	100,156	— 0,079	100,103	— 0,013	—	—	99,946	— 0,088
200 ,, ,, ,,	99,750	— 0,077	—	—	—	—	99,641	— 0,030	99,955	— 0,079
250 ,, ,, ,,	—	—	100,154	— 0,081	100,102	— 0,014	—	—	99,957	— 0,077
300 ,, ,, ,,	99,750	— 0,077	—	—	—	—	—	—	99,956	— 0,078
350 ,, ,, ,,	—	—	100,156	— 0,079	100,103	— 0,013	99,637	— 0,034	—	—
400 ,, ,, ,,	99,750	— 0,077	—	—	—	—	—	—	99,957	— 0,077
500 ,, ,, ,,	99,751	— 0,076	100,155	— 0,080	100,103	— 0,013	99,635	— 0,036	99,956	— 0,078

Zahlentafel 18. Dichteänderungen bei Alterung durch Anwärmen auf 100° C.

2. Versuchsserie.

Zeitenfolge	Bezeichnung der Probestäbe							
	2d	in %	5g	in %	3g	in %	4g	in %
gehärtet	7,7881		7,7586		7,7676		7,8498	
nach:								
2 Stdn. b. 100° C . .	7,7925	+ 0,056	7,7697	+ 0,143	7,7765	+ 0,114	7,8537	+ 0,050
10 ,, ,, ,, . .	7,7941	+ 0,077	7,7721	+ 0,174	7,7787	+ 0,143	7,8556	+ 0,074
40 ,, ,, ,, . .	7,7950	+ 0,089	7,7742	+ 0,202	7,7804	+ 0,165	7,8570	+ 0,092
95 ,, ,, ,, . .	7,7956	+ 0,096	7,7745	+ 0,205	7,7806	+ 0,168	7,8576	+ 0,099
200 ,, ,, ,, . .	7,7970	+ 0,114	7,7750	+ 0,212	7,7826	+ 0,193	7,8574	+ 0,097
326 ,, ,, ,, . .	7,7958	+ 0,100	7,7737	+ 0,194	7,7830	+ 0,198	7,8584	+ 0,109
500 ,, ,, ,, . .	7,7966	+ 0,109	7,7754	+ 0,217	7,7837	+ 0,208	7,8587	+ 0,113
Ohne weitere Behandlung nach 15 Monaten	7,7967	+ 0,110	7,7750	+ 0,212	7,7837	+ 0,208	7,8584	+ 0,109

3*

Zahlentafel 19. Längenänderungen bei Alterung durch Anwärmen auf 100° C.
2. Versuchsserie.

Zeitenfolge	Bezeichnung der Probestäbe							
	2d	in %	5g	in %	3g	in %	4g	in %
gehärtet und justiert .	99,300		99,277		99,255		99,276	
nach:								
2 Stdn. bei 100° C .	99,275	—0,025	99,225	—0,052	99,227	—0,028	99,265	—0,011
10 ,, ,, ,, .	99,255	—0,045	99,201	—0,076	99,205	—0,050	99,247	—0,029
40 ,, ,, ,, .	99,244	—0,056	99,189	—0,088	99,194	—0,061	99,241	—0,035
95 ,, ,, ,, .	99,239	—0,061	99,185	—0,092	99,189	—0,066	99,236	—0,040
200 ,, ,, ,, .	99,235	—0,065	99,182	—0,095	99,186	—0,069	99,234	—0,042
326 ,, ,, ,, .	99,233	—0,067	$99,181_5$	$—0,095_5$	99,186	—0,069	$99,234_6$	$—0,041_4$
500 ,, ,, ,, .	99,230	—0,070	99,180	—0,097	99,185	—0,070	99,233	—0,043
Ohne weitere Behandlung nach 15 Monaten	99,229	—0,071	99,180	—0,097	$99,184_8$	$—0,070_2$	$99,232_6$	$—0,043_4$

Zahlentafel 20. Änderung des spez. Leitwiderstandes bei Alterung durch Anwärmen auf 100° C.
2. Versuchsserie.

Zeitenfolge	Bezeichnung der Probestäbe							
	2d	in %	5g	in %	3g	in %	4g	in %
gehärtet	0,275		0,359		0,435		0,441	
nach:								
2 Stdn. bei 100° C .	0,267	—2,9	0,334	—7,0	0,405	—6,9	0,422	—4,3
10 ,, ,, ,, .	0,263	—4,4	0,325	—9,5	0,395	—9,2	0,412	—6,6
40 ,, ,, ,, .	0,259	—5,8	0,326	—9,2	0,396	—9,0	0,408	—7,5
95 ,, ,, ,, .	0,260	—5,5	0,330	—8,1	0,397	—8,7	0,415	—5,9
200 ,, ,, ,, .	0,261	—5,1	0,323	—10	0,384	—11,7	0,418	—5,2
326 ,, ,, ,, .	0,262	—4,7	0,312	—13	0,376	—13,5	0,402	—8,9
500 ,, ,, ,, .	0,254	—7,5	0,308	—14	0,367	—15,5	0,404	—8,2
Ohne weitere Behandlung nach 15 Monaten	0,254	—7,5	0,310	—13,6	0,367	—15,5	0,402	—8,9

Zahlentafel 21. Dichteänderung bei Alterung durch Anwärmen auf 110° C.

Zeitenfolge	Bezeichnung der Probestäbe					
	5h	in %	3h	in %	4h	in %
gehärtet	7,7617		7,7618		7,8487	
nach:						
2 Stdn. bei 110° C .	7,7739	+0,157	7,7753	+0,174	7,8547	+0,076
10 ,, ,, ,, .	7,7780	+0,171	7,7785	+0,215	7,8573	+0,109
40 ,, ,, ,, .	7,7764	+0,190	7,7788	+0,219	7,8573	+0,109
100 ,, ,, ,, .	7,7762	+0,187	7,7781	+0,210	7,8580	+0,118
195 ,, ,, ,, .	7,7751	+0,173	7,7792	+0,224	7,8580	+0,118
350 ,, ,, ,, .	7,7753	+0,175	7,7790	+0,222	7,8584	+0,123
500 ,, ,, ,, .	7,7747	+0,168	7,7783	+0,213	7,8578	+0,116
Ohne weitere Behandlung nach 15 Monaten	7,7750	+0,171	7,7783	+0,213	7,8579	+0,117

Zahlentafel 22. Längenänderungen bei Alterung durch Anwärmen
auf 110° C.

Zeitenfolge	Bezeichnung der Probestäbe					
	5h	in %	3h	in %	4h	in %
gehärtet und justiert .	99,255		99,285		99,296	
nach:						
2 Stdn. bei 110° C .	99,191	—0,064	99,236	—0,049	99,277	—0,019
10 ,, ,, ,, .	99,168	—0,087	99,211	—0,074	99,258	—0,038
40 ,, ,, ,, .	99,161	—0,094	99,204	—0,081	99,252	—0,044
100 ,, ,, ,, .	99,157	—0,098	99,202	—0,083	99,250	—0,046
195 ,, ,, ,, .	99,158	—0,097	99,202	—0,083	99,250	—0,046
350 ,, ,, ,, .	99,158	—0,097	99,203	—0,082	99,250	—0,046
500 ,, ,, ,, .	99,159	—0,096	99,203	—0,082	99,251	—0,045

Zahlentafel 23. Änderung des spez. Leitwiderstandes bei Alterung
durch Anwärmen auf 110° C.

Zeitenfolge	Bezeichnung der Probestäbe					
	5h	in %	3h	in %	4h	in %
gehärtet	0,351		0,454		0,433	
nach:						
2 Stdn. bei 110° C .	0,332	— 5,4	0,403	—11,2	0,425	—1,8
10 ,, ,, ,, .	0,328	— 6,5	0,389	—14,6	0,413	—4,6
40 ,, ,, ,, .	0,323	— 8,0	0,382	—15,8	0,403	—6,9
100 ,, ,, ,, .	0,315	—10,0	0,376	—17,2	0,402	—7,1
195 ,, ,, ,, .	0,315	—10,2	0,379	—16,5	0,405	—6,5
350 ,, ,, ,, .	0,320	— 8,9	0,373	—17,8	0,405	—6,5
500 ,, ,, ,, .	0,317	— 9,7	0,366	—19,3	0,400	—7,6
Ohne weitere Behandlung nach 15 Monaten	0,312	—-11,1	0,362	—20,2	0,398	—8,1

In den vorstehenden u. folgenden Tabellen sind jeweils die Änderungen
der Versuchswerte in Prozenten gegenüber dem Härtezustand in einer
beigefügten Spalte ausgedrückt. Die positiven Zeichen bedeuten eine
Vergrößerung, die negativen eine Verkleinerung dieses Wertes. Der
besseren Veranschaulichung halber sind die Versuchswerte in den
Diagrammen 12—30 abhängig von der Alterungszeit aufgetragen.

Auf Grund der Versuche lassen sich folgende Schlüsse ziehen:

1. Die Änderungen bei der Alterung durch konstantes Anwärmen sind
mit Ausnahme des hochprozentigen Chromstahles Nr. 1 durchwegs
größer als bei der Alterung durch das Wechselbad. Führt man letztere
auf eine reine Wärmewirkung zurück, indem man die Summe der Ein-
tauchzeiten ins kochende Wasser bildet, so ergibt sich bei einem 600ma-
ligen Wechsel á 2 Min. eine Anwärmzeit im kochenden Wasser von
20 Stunden. Vergleicht man nun die Wirkung dieser Zeit mit den Änderungen bei der Alterung durch Anwärmen nach 20 Stunden, so ergibt
sich, daß die Änderungen bei der Wechselbadalterung sowohl bei den Dichte- wie Längenänderungen durchweg

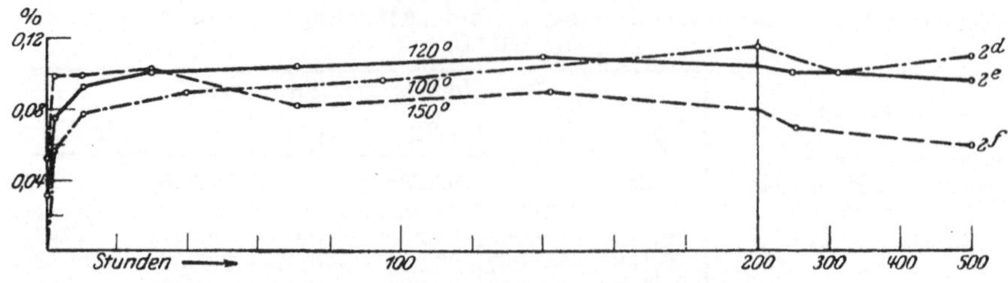

Abb. 12. Dichteänderung bei Alterung durch Anwärmen (Material Nr. 2).

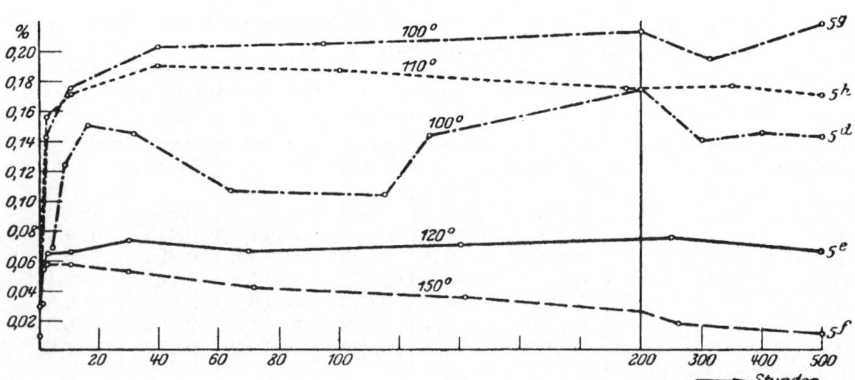

Abb. 13. Dichteänderung bei Alterung durch Anwärmen (Material Nr. 5).

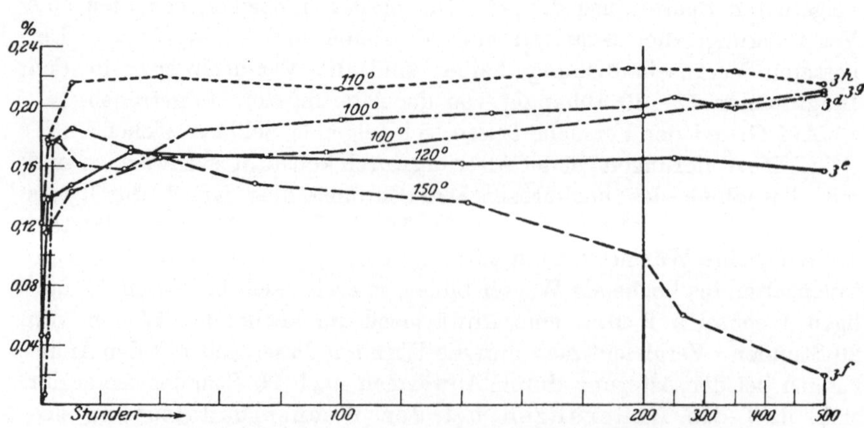

Abb. 14. Dichteänderung bei Alterung durch Anwärmen (Material Nr. 3).

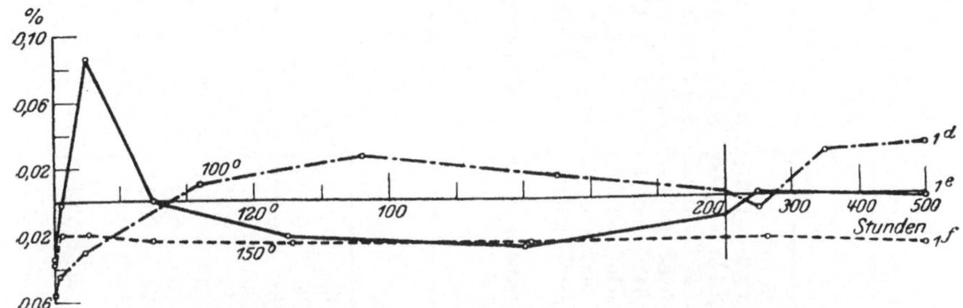

Abb. 15. Dichteänderung bei Alterung durch Anwärmen (Material Nr. 1).

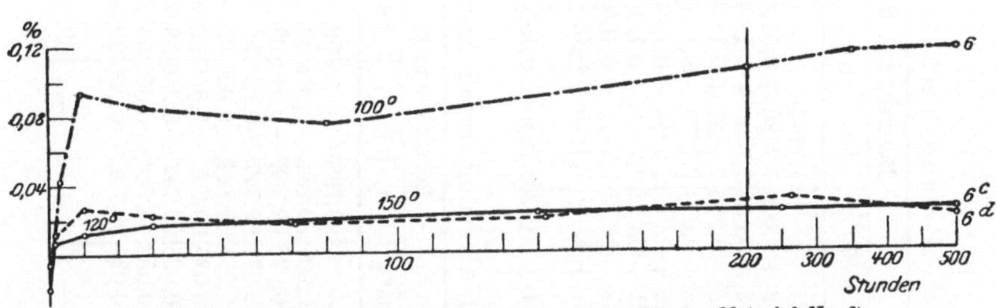

Abb. 16. Dichteänderung bei Alterung durch Anwärmen (Material Nr. 6).

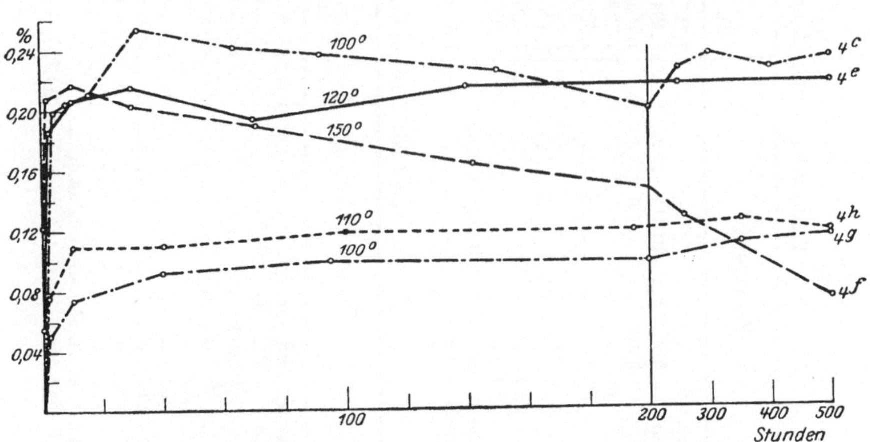

Abb. 17. Dichteänderung bei Alterung durch Anwärmen (Material Nr. 4).

Zahlentafel 24. Dichteänderungen bei Alterung durch Anwärmen auf 120° C.

Zeitenfolge	Bezeichnung der Probestäbe											
	2e	in %	5e	in %	3e	in %	1e	in %	6c	in %	4e	in %
gehärtet	7,7924		7,7864		7,7744		7,6243		7,6470		7,8285	
nach 5 Min. bei 120° C	7,7949	+ 0,032	7,7872	+ 0,010	7,7780	+ 0,046	7,6217	— 0,034	7,6456	— 0,018	7,8329	+ 0,056
„ 2 Stdn. „ „.	7,7983	+ 0,075	7,7915	+ 0,065	7,7850	+ 0,137	7,6242	— 0,001	7,6475	+ 0,006	7,8431	+ 0,186
„ 10 „ „ „	7,7996	+ 0,092	7,7915	+ 0,065	7,7857	+ 0,145	7,6309	+ 0,086	7,6479	+ 0,012	7,8446	+ 0,206
„ 30 „ „ „	7,8002	+ 0,100	7,7922	+ 0,074	7,7875	+ 0,169	7,6242	— 0,001	7,6482	+ 0,016	7,8453	+ 0,215
„ 70 „ „ „	7,8005	+ 0,104	7,7915	+ 0,065	7,7844	+ 0,128	7,6226	— 0,022	7,6484	— 0,018	7,8435	+ 0,192
„ 140 „ „ „	7,8009	+ 0,109	7,7921	+ 0,073	7,7869	+ 0,161	7,6221	— 0,029	7,6486	+ 0,021	7,8452	+ 0,214
„ 250 „ „ „	7,8002	+ 0,100	7,7922	+ 0,075	7,7871	+ 0,164	7,6244	+ 0,001	7,6487	+ 0,022	7,8452	+ 0,214
„ 500 „ „ „	7,7999	+ 0,096	7,7917	+ 0,068	7,7865	+ 0,156	7,6242	— 0,001	7,6487	+ 0,022	7,8453	+ 0,215
Ohne weitere Behandlung nach 16 Monaten	7,8001	+ 0,099	7,7921	+ 0,073	7,7866	+ 0,157	7,6243	— 0,000	7,6484	+ 0,018	7,8453	+ 0,215

Zahlentafel 25. Längenänderungen bei Alterung durch Anwärmen auf 120° C.

Zeitenfolge	Bezeichnung der Probestäbe											
	2e	in %	5e	in %	3e	in %	1e	in %	6c	in %	4e	in %
gehärtet und justiert	99,796		99,792		99,798		99,598		99,190		99,798	
nach 5 Min. bei 120° C . . .	99,782	— 0,014	99,785	— 0,007	99,784	— 0,014	99,597	— 0,001	99,190	0,000	99,780	— 0,018
„ 2 Stdn. „ „ . . .	99,766	— 0,030	99,764	— 0,028	99,758	— 0,040	99,595	— 0,003	99,181	— 0,009	99,736	— 0,062
„ 10 „ „ „ . . .	99,747	— 0,049	99,761	— 0,031	99,747	— 0,051	99,593	— 0,005	99,180	— 0,010	99,729	— 0,069
„ 30 „ „ „ . . .	99,737	— 0,059	99,761	— 0,031	99,744	— 0,054	99,590	— 0,008	99,175	— 0,015	99,725	— 0,073
„ 70 „ „ „ . . .	99,731	— 0,065	99,757	÷ 0,035	99,742	— 0,056	99,591	— 0,007	99,176	— 0,014	99,723	— 0,075
„ 140 „ „ „ . . .	99,732	— 0,064	99,759	— 0,033	99,742	— 0,056	99,591	— 0,007	99,175	— 0,015	99,723	— 0,075
„ 250 „ „ „ . . .	99,730	— 0,066	99,759	— 0,033	99,742	— 0,056	99,591	— 0,007	99,174	— 0,016	99,723	— 0,075
„ 500 „ „ „ . . .	99,727	— 0,069	99,758	— 0,034	99,742	— 0,056	99,591	— 0,007	99,175	— 0,015	99,722	— 0,074
Ohne weitere Behandlung nach 16 Monaten	99,727	— 0,069	—	—	—	—	$99,591_3$	$— 0,006_7$	$99,174_8$	$— 0,015_2$	—	—

Zahlentafel 26. Änderung des spez. Leitwiderstandes bei Alterung durch Anwärmen auf 120° C.

Zeitenfolge	Bezeichnung der Probestäbe											
	2e	in %/₀	5e	in %	3e	in %	1e	in %	6c	in %	4e	in %
gehärtet	0,249		0,270		0,384		0,587		0,560		0,461	
nach 5 Min. bei 120° C	0,247	— 0,8	0,258	— 4,5	0,371	— 3,4	0,572	— 2,5	0,552	— 1,4	0,438	— 5,0
„ 2 Std. „ „	0,245	— 1,6	0,268	— 0,7	0,367	— 4,4	0,595	+ 1,4	0,534	— 4,6	0,433	— 6,1
„ 10 „ „ „	0,250	+ 1,2	0,276	+ 2,2	0,362	— 5,7	0,604	+ 2,9	0,568	+ 1,4	0,430	— 6,7
„ 30 „ „ „	0,247	— 0,8	0,274	+ 1,5	0,359	— 6,5	0,603	+ 2,7	0,590	+ 5,3	0,422	— 8,5
„ 70 „ „ „	0,245	— 1,6	0,265	— 1,8	0,352	— 8,3	0,600	+ 2,2	0,562	+ 0,4	0,414	— 10,2
„ 140 „ „ „	0,242	— 2,8	0,262	— 3,0	0,354	— 7,8	0,595	+ 1,4	0,545	— 2,7	0,408	— 11,5
„ 250 „ „ „	0,244	— 2,0	0,269	— 0,4	0,353	— 8,1	0,594	+ 1,2	0,540	— 3,6	0,410	— 11,1
„ 500 „ „ „	0,244	— 2,0	0,273	+ 1,1	0,351	— 8,6	0,588	+ 0,2	0,537	— 4,1	0,416	— 9,8
Ohne weitere Behandlung nach 16 Monaten	0,243	— 2,4	0,270	0,0	0,346	— 9,9	0,584	— 0,5	0,535	— 4,5	0,413	— 10,4

Zahlentafel 27. Dichteänderungen durch Anwärmen auf 150° C.

Zeitenfolge	Bezeichnung der Probestäbe											
	2f	in %/₀	5f	in %	3f	in %	1f	in %	6d	in %	4f	in %
gehärtet	7,7925		7,7885		7,7716		7,6244		7,6466		7,8304	
nach 5 Min. bei 150° C	7,7966	+ 0,053	7,7908	+ 0,030	7,7810	+ 0,121	7,6216	— 0,037	7,6463	— 0,004	7,8400	+ 0,122
„ 2 Stdn. „ „	7,8002	+ 0,099	7,7930	+ 0,058	7,7852	+ 0,175	7,6229	— 0,020	7,6475	+ 0,012	7,8467	+ 0,208
„ 10 „ „ „	7,8002	+ 0,099	7,7931	+ 0,059	7,7859	+ 0,184	7,6229	— 0,020	7,6486	+ 0,026	7,8474	+ 0,217
„ 30 „ „ „	7,8005	+ 0,102	7,7926	+ 0,053	7,7848	+ 0,170	7,6226	— 0,024	7,6482	+ 0,021	7,8462	+ 0,202
„ 71 „ „ „	7,7989	+ 0,082	7,7919	+ 0,044	7,7830	+ 0,147	7,6225	— 0,025	7,6479	+ 0,017	7,8452	+ 0,189
„ 142 „ „ „	7,7995	+ 0,090	7,7912	+ 0,035	7,7802	+ 0,135	7,6223	— 0,027	7,6474	+ 0,010	7,8431	+ 0,162
„ 264 „ „ „	7,7979	+ 0,069	7,7903	+ 0,018	7,7761	+ 0,059	7,6224	— 0,026	7,6489	+ 0,030	7,8403	+ 0,126
„ 500 „ „ „	7,7971	+ 0,059	7,7894	+ 0,011	7,7730	+ 0,018	7,6221	— 0,030	7,6481	+ 0,020	7,8360	+ 0,072
Ohne weitere Behandlung nach 16 Monaten	7,7971	+ 0,059	7,7895	+ 0,012	7,7724	+ 0,010	7,6224	— 0,026	7,6482	+ 0,021	7,8367	+ 0,080

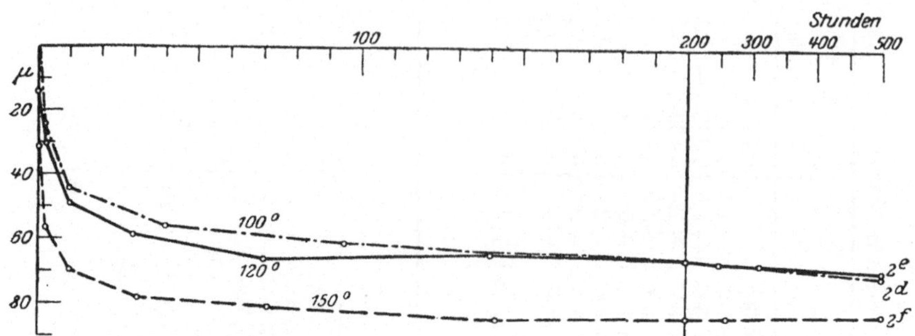

Abb. 18. Längenänderung bei Alterung durch Anwärmen (Material Nr. 2).

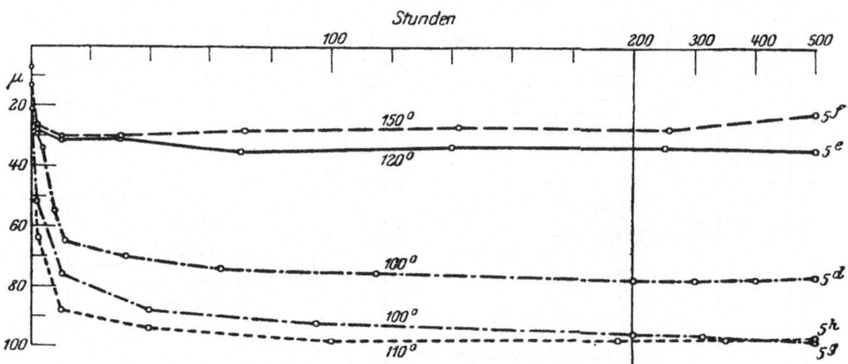

Abb. 19. Längenänderung bei Alterung durch Anwärmen (Material Nr. 5).

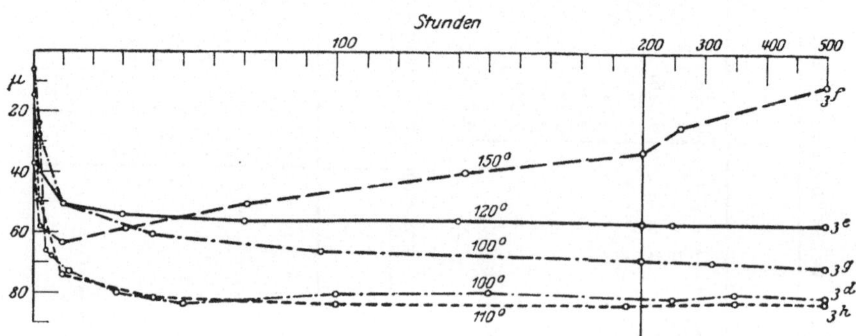

Abb. 20. Längenänderung bei Alterung durch Anwärmen (Material Nr. 3).

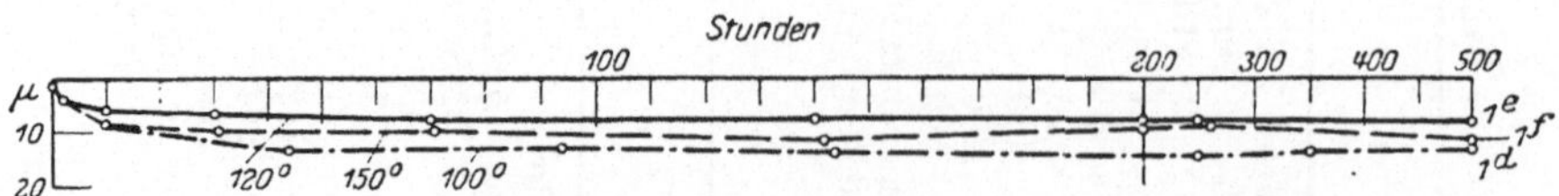

Abb. 21. Längenänderung bei Alterung durch Anwärmen (Material Nr. 1).

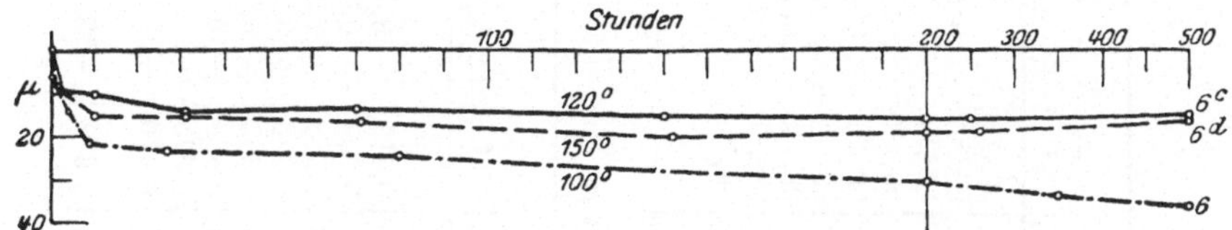

Abb. 22. Längenänderung bei Alterung durch Anwärmen (Material Nr. 6).

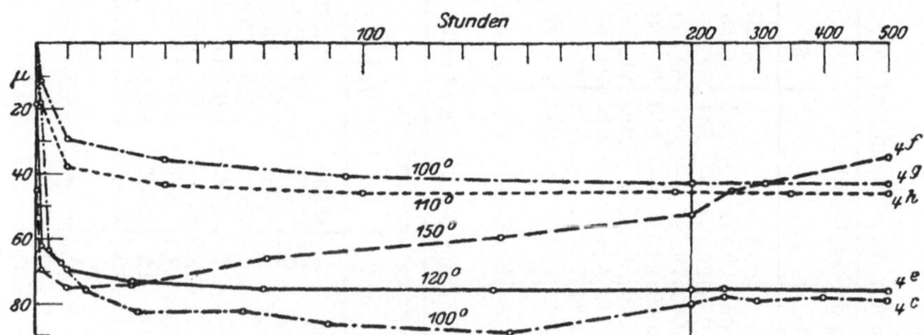

Abb. 23. Längenänderung bei Alterung durch Anwärmen (Material Nr. 4).

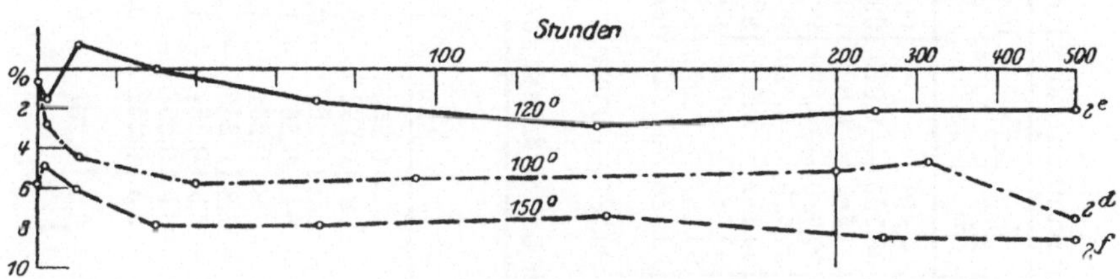

Abb. 24. Änderung des spezifischen Leitwiderstandes bei Alterung durch Anwärmen
(Material Nr. 2).

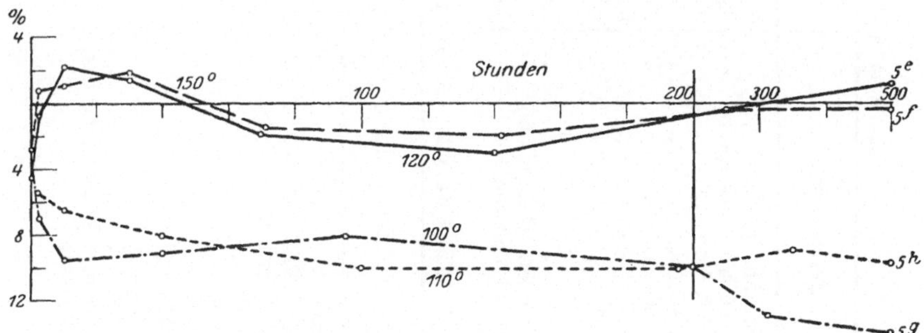

Abb. 25. Änderung des spezifischen Leitwiderstandes bei Alterung durch Anwärmen
(Material Nr. 5).

Zahlentafel 28. Längenänderungen bei Alterung durch Anwärmen auf 150° C.

Zeitenfolge	2f	in %	5f	in %	3f	in %	1f	in %	6d	in %	4f	in %
												Bezeichnung der Probestäbe
gehärtet und justiert	99,802		99,810		99,810		99,596		99,175		99,805	
nach 5 Min. bei 150° C	99,771	—0,031	99,797	—0,013	99,773	—0,037	99,595	—0,001	99,169	—0,006	99,760	—0,045
„ 2 Stdn. „ „	99,746	—0,056	99,783	—0,027	99,752	—0,058	99,592	—0,004	99,166	—0,009	99,736	—0,069
„ 10 „ „ „	99,733	—0,069	99,780	—0,030	99,747	—0,063	99,587	—0,009	99,160	—0,015	99,730	—0,075
„ 30 „ „ „	99,724	—0,078	99,780	—0,030	99,751	—0,059	99,586	—0,010	99,159	—0,016	99,731	—0,074
„ 71 „ „ „	99,722	—0,080	99,782	—0,028	99,760	—0,050	99,586	—0,010	99,158	—0,017	99,739	—0,066
„ 142 „ „ „	99,719	—0,083	99,784	—0,026	99,770	—0,040	99,584	—0,012	99,155	—0,020	99,746	—0,059
„ 264 „ „ „	99,719	—0,083	99,783	—0,027	99,786	—0,024	99,585	—0,011	99,157	—0,018	99,760	—0,045
„ 500 „ „ „	99,720	—0,082	99,788	—0,022	99,800	—0,010	99,584	—0,012	99,159	—0,016	99,770	—0,035
Ohne weitere Behandlung nach 16 Monaten	99,720	—0,082	$99{,}787_2$	$—0{,}022_8$	—	—	$99{,}584_5$	$—0{,}011_5$	$99{,}157_1$	$—0{,}017_9$	—	—

Zahlentafel 29. Änderung des spez. Leitwiderstandes bei Alterung durch Anwärmen auf 150° C.

Zeitenfolge	2f	in %	5f	in %	3f	in %	1f	in %	6d	in %	4f	in %
												Bezeichnung der Probestäbe
gehärtet	0,259		0,259		0,397		0,585		0,556		0,457	
nach 5 Min. bei 150° C	0,244	—5,8	0,252	—2,7	0,364	— 8,3	0,570	—2,6	0,540	—2,9	0,417	— 8,8
„ 2 Stdn. „ „	0,246	—5,0	0,261	+0,8	0,360	— 9,3	0,588	+0,5	0,568	+2,1	0,409	—10,5
„ 10 „ „ „	0,243	—6,2	0,262	+1,1	0,355	—10,6	0,590	+0,9	0,566	+1,8	0,398	—12,9
„ 30 „ „ „	0,239	—7,8	0,264	+1,9	0,342	—13,9	0,589	+0,7	0,562	+1,1	0,396	—13,3
„ 71 „ „ „	0,239	—7,8	0,255	—1,5	0,338	—15,0	0,584	—0,2	0,565	+1,6	0,392	—14,2
„ 142 „ „ „	0,240	—7,3	0,254	—1,9	0,328	—17,4	0,589	+0,7	0,555	—0,2	0,383	—16,2
„ 264 „ „ „	0,237	—8,5	0,258	—0,4	0,325	—18,1	0,587	+0,3	0,558	+0,4	0,375	—17,9
„ 500 „ „ „	0,237	—8,5	0,258	—0,4	0,321	—19,1	0,586	+0,2	0,552	—0,7	0,376	—17,7
Ohne weitere Behandlung nach 16 Monaten	0,234	—9,6	0,261	+0,8	0,316	—20,4	0,584	—0,2	0,550	—1,1	0,372	—18,6

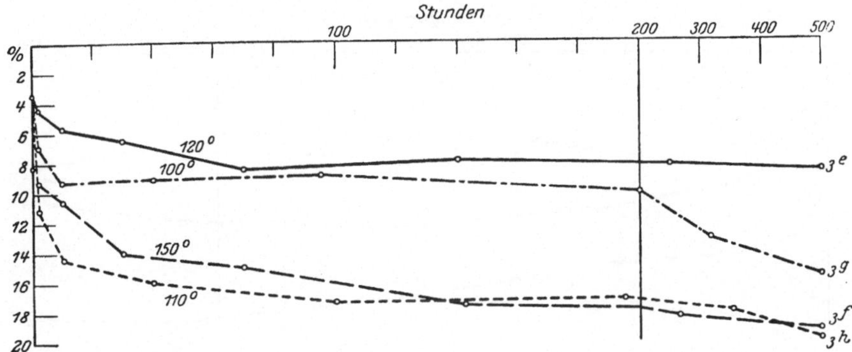

Abb. 26. Änderung des spezifischen Leitwiderstandes bei Alterung durch Anwärmen (Material Nr. 3).

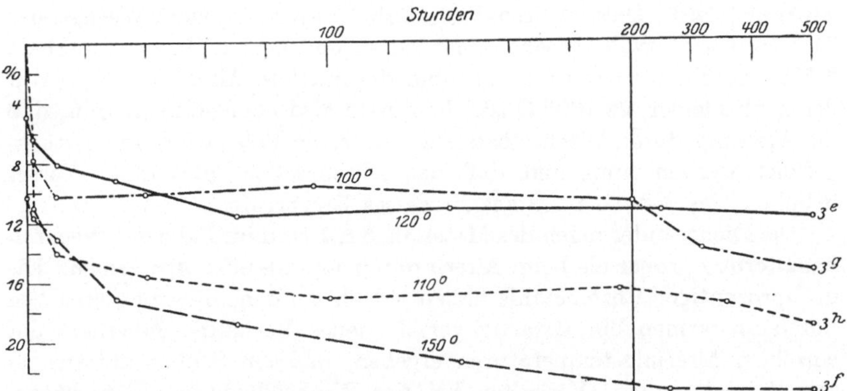

Abb. 27. Änderung des spezifischen Leitwiderstandes bei Alterung durch Anwärmen, bezogen auf die Änderung beim Härten (Material Nr. 3).

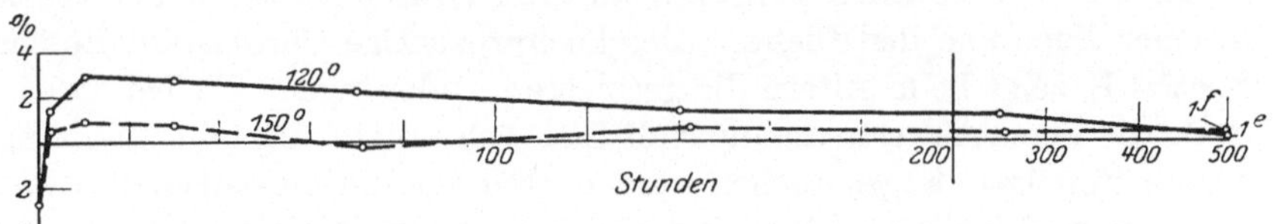

Abb. 28. Änderung des spezifischen Leitwiderstandes bei Alterung durch Anwärmen (Material Nr. 1).

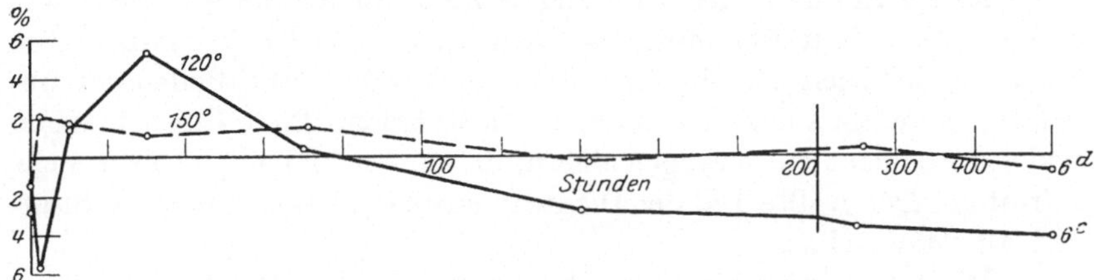

Abb. 29. Änderung des spezifischen Leitwiderstandes bei Alterung durch Anwärmen (Material Nr. 6).

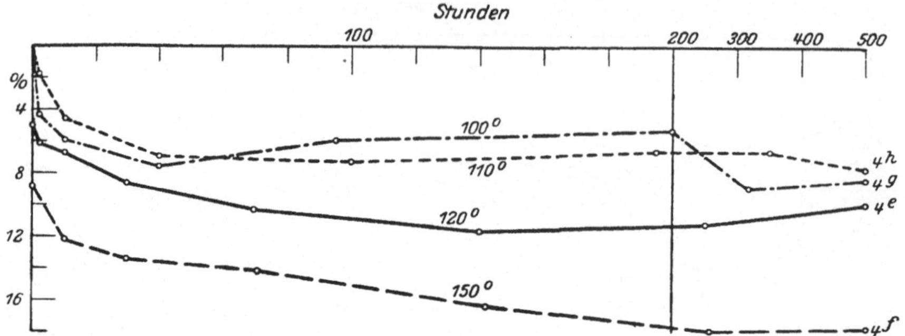

Abb. 30. Änderung des spezifischen Leitwiderstandes bei Alterung durch Anwärmen
(Material Nr. 4).

kleiner sind. Dies ist deshalb erklärlich, weil bei jedem Wechsel das
Temperaturintervall zwischen dem kalten und heißen Wasser innerhalb
2 Min. durchlaufen werden muß und die mittlere Alterungstemperatur
demnach kleiner als 100° C ist. Es dürfte also nachgewiesen sein, daß
die Alterung durch Wechselbad auf eine reine Wärmewirkung zurückgeführt werden muß und daß das Abschrecken im kalten Wasser
lediglich eine Verzögerung des Prozesses hervorruft.

Die Dichteänderungen des Materials Nr. 1 sind im Falle der Wechselbadalterung größer als beim Altern durch anhaltendes Anwärmen. Die
hochprozentigen Chromstähle haben jedoch bei den Alterungsversuchen
durch Anwärmen ein derartig verschiedenes Verhalten innerhalb der
einzelnen Alterungstemperaturen ergeben, daß ein Schluß auf ein ge-
setzmäßiges anderes Verhalten bei der Wechselbadalterung nicht gezogen werden kann.

2. Die Dichteänderungen beim Altern durch Anwärmen bestehen
in einer Zunahme der Dichte. Der hochprozentige Chromstahl Böhler
Spezial K zeigt beim Altern die geringsten Änderungen. Da bei diesem
Stahl die Versuchswerte um die Null-Linie schwanken, darf die Mischung
als die günstigste angesprochen werden. Bei dem im Chromgehalt etwas
niedrigeren Röchling RCC rücken die Änderungen bereits sehr nahe an
die Null-Linie heran. Der Verlauf der Dichteänderungen ist zuweilen
im späteren Stadium der Alterung Schwankungen unterworfen, was
in einer zeitweisen Abnahme der Dichte zum Ausdruck kommt. Die
Abnahme der Dichte stellt sich nach ungefähr 10—30 Stunden ein, um
sich später, wenn auch schwächer, zu wiederholen. Diese Erscheinungen
sind jedoch nicht zu verallgemeinern, da sie bei anderen Proben nicht
auftraten. Der größte Teil der Dichteänderungen hat sich nach 10 Stunden Alterung vollzogen.

3. Die Längenänderungen haben einen charakteristischen asymptotischen Verlauf. Sie zeigen mit Ausnahme der Alterung bei 150°

keinen unregelmäßigen Verlauf und bestehen immer in einer Abnahme
der Länge. Vergleicht man sie mit den Änderungen des Durchmessers,
die für den mittleren Durchmesser aus Dichte und Länge gerechnet
wurden, so stellt sich heraus, daß die Unregelmäßigkeiten der Dichteänderungen meist nur in der Querachse des Zylinders, also im Durchmesser, zum Ausdruck kommen. In den Diagrammen 31—33 ist dies
für den Fall der Alterung bei 100° C bei einigen Probekörpern durchgeführt. Die prozentuale Längenänderung ist durchweg größer als die
prozentuale Durchmesseränderung. Beim Material Nr. 4 ist die Änderung in den beiden Achsen als praktisch gleich groß zu betrachten.
Dieses Verhalten qualifiziert diesen Stahl als Lehrenstahl. Die Unregel-

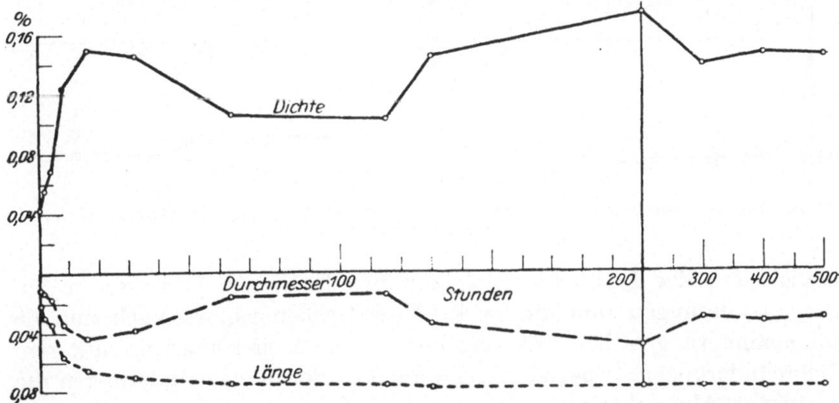

Abb. 31. Dichte-, Längen- und Durchmesseränderung bei Alterung durch Anwärmen auf 100° C
(Material Nr. 5).

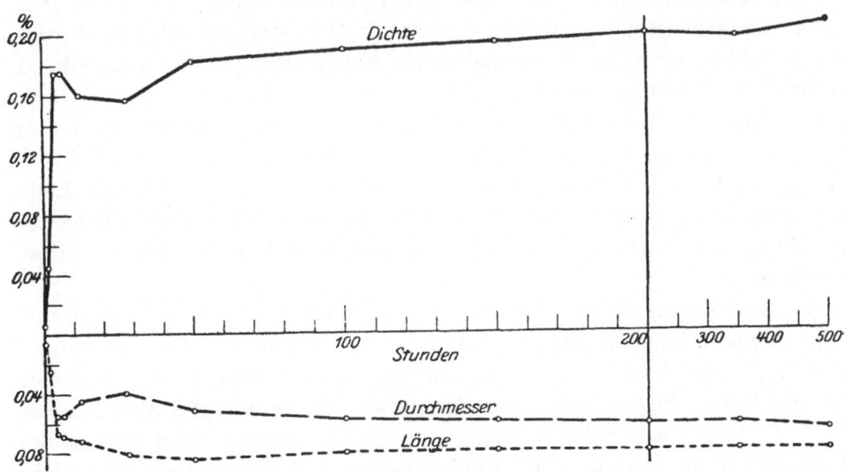

Abb. 32. Dichte-, Längen- und Durchmesseränderung bei Alterung durch Anwärmen auf 100° C
(Material Nr. 3).

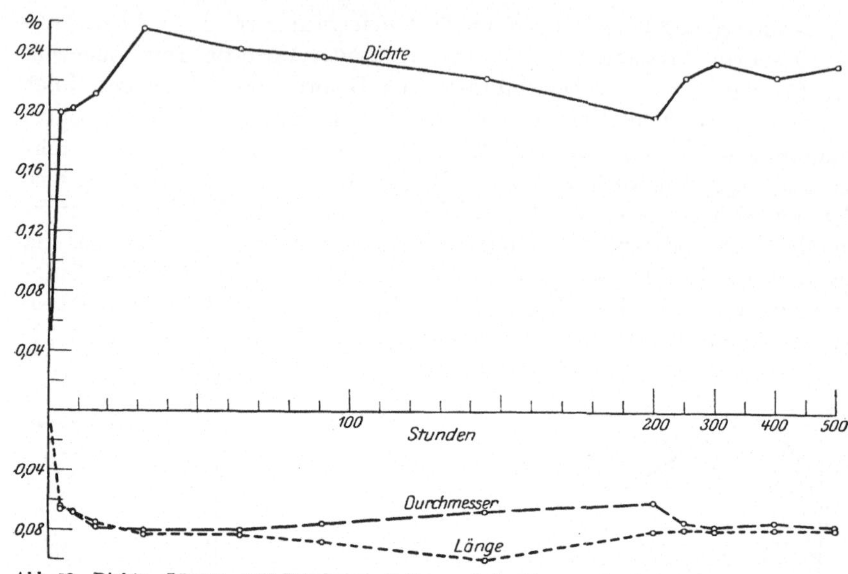

Abb. 33. Dichte-, Längen- und Durchmesseränderung bei Alterung durch Anwärmen auf 100° C (Material Nr. 4).

mäßigkeiten der Dichteänderung kommen in diesem Fall auch in den Längenänderungen zum Ausdruck. Ihrer Größenordnung nach sind die Längenänderungen bei den einzelnen Stählen gleichlaufend mit den Dichteänderungen. Spezial K zeigt auch in den Längenänderungen die geringsten Abweichungen.

4. Der spezifische Leitwiderstand macht eine Verkleinerung bei der Alterung durch. Am Anfang der Alterung sind die Änderungen auch hier größer als im weiteren Verlauf. Die hochprozentigen Chromstähle bilden wiederum eine Ausnahme, indem der spez. Leitwiderstand anfänglich abnimmt, um aber sofort wieder größer zu werden und dann ganz allmählich sich wieder zu verkleinern. Die Änderungen bei diesen Stählen sind gegenüber den anderen Stählen klein. Da es sich bei den übrigen Stählen um eine beträchtliche Abnahme des spezifischen Leitwiderstandes handelt, und die Änderung rückläufig nach dem ungehärteten Zustand erfolgt, muß auf eine Änderung des Stoffes geschlossen werden.

5. Der Einfluß der verschiedenen Alterungstemperaturen kommt nicht in allen Fällen eindeutig zum Ausdruck. Die Alterungswirkung läßt sich durch eine Steigerung der Temperatur nicht proportional mit ihr in die Höhe treiben. In einigen Fällen hat die Alterung bei 100° die maximale Wirkung hervorgebracht. Dies bezieht sich insbesondere auf die Alterung bei 100° C in der 1. Versuchsserie (siehe vor allem die Probe 4c). Die hier aufgetretenen starken Alterungswirkungen

gaben Veranlassung zu einer später durchgeführten zweiten Versuchsserie, bei der die ermittelten Werte einen typischen Einfluß der Temperatursteigerungen wiederum nicht erkennen ließen. Bei den meisten Diagrammen allerdings kommt die sich steigernde Alterungswirkung mit Erhöhung der Temperatur gut zum Ausdruck. Sie besteht in einem schnellen Anstieg bzw. Abfall der Kurve und in einer wenn auch geringen Steigerung der Änderung. Das Maximum bzw. Minimum der Änderung wird bei Steigerung der Alterungstemperatur schneller erreicht. Bei 150° C stellt sich bei den Stählen Nr. 2, 5, 3 und 4 sehr bald der Größtwert ein. Von da ab macht sich eine Richtungsänderung der Kurve bemerkbar.

Für die Diskussion der Versuchsergebnisse muß ein Moment herausgegriffen werden, das sich typisch ausprägt, nämlich die Erreichung eines stabilen Zustandes und die weitere Veränderung dieser Stabilität, wenn die Temperatur weiter gesteigert wird. Der stabile Zustand kommt in der Unveränderlichkeit der Dichte- und Längenänderungen trotz weiterer Fortdauer der Anwärmezeit zum Ausdruck. Von einigen Ausnahmen abgesehen, wird ein stabiler Zustand, wenn auch nur vorübergehend, um so früher erreicht, je höher die Temperatur ist. Er bleibt bestehen, falls die Temperatur keine unzulässige Höhe hat. Als Höchsttemperatur stellt sich 120° C heraus. Überschreitet die Anwärmezeit bei 150° C eine gewisse Dauer (meist liegt die Grenze schon bei 10 Stunden) dann tritt die Abkehr vom stabilen Zustand ein und der Charakter der Alterungskurve hat einen anderen Verlauf. Bei Steigerung der Anwärmezeit können scheinbar dann beliebig große Änderungen hervorgerufen werden, die dem Zweck der Alterung nicht dienlich sind.

Die Annahme, daß die Änderungen beim Altern um so größer sind, je größer die Änderung beim Härten ist, liegt sehr nahe. Für die Dichteänderungen wurde dies in dem Diagramm 34 durchgeführt. Es zeigt sich nun, daß diese Vermutung nicht zutrifft, da kleinen Dichteänderungen beim Härten große Änderungen beim Altern entsprechen. In einem Falle (bei 4c) werden beim Altern durch Anwärmen auf 100° C 80% der Dichteänderung rückgängig gemacht. Im Mittel nimmt die Dichte wieder um 20—30% zu, bis der gehärtete Körper gealtert ist.

Die aus den Dichte- und Längenmessungen einwandfrei festgestellte Richtungsänderung der Kurve beim Altern durch Anwärmen auf 150° C kommt bei den Messungen des spezifischen Leitwiderstandes nicht zum Ausdruck. Es zeigt sich nur, daß er bei 150° ständig abnimmt und daß bei den Temperaturen bis 120° C ebenfalls ein stabiler Zustand zu verzeichnen ist. Demgemäß muß gefolgert werden, daß der Alterungsprozeß in allen Fällen von einer Umwandlung des Stoffes begleitet ist. Mit dieser Umwandlung des Stoffes ist im ersten Stadium, für das als

Grenze 120⁰ C angegeben wird, der Ausgleich von Spannungen verbunden, die für den größeren Teil der Änderungen verantwortlich gemacht werden müssen. Die starken Änderungen beim Altern trotz geringerer Änderungen beim Härten wären sonst nicht zu erklären. Da die Spannungen nicht an den Stoff gebunden sind, ist nun auch begreiflich, daß die Steigerung der Temperatur nicht in allen Fällen von einer Steigerung der zum Ausdruck kommenden Alterungswirkung begleitet ist. Um zu prüfen, ob die Alterung durch konstante Tempera-

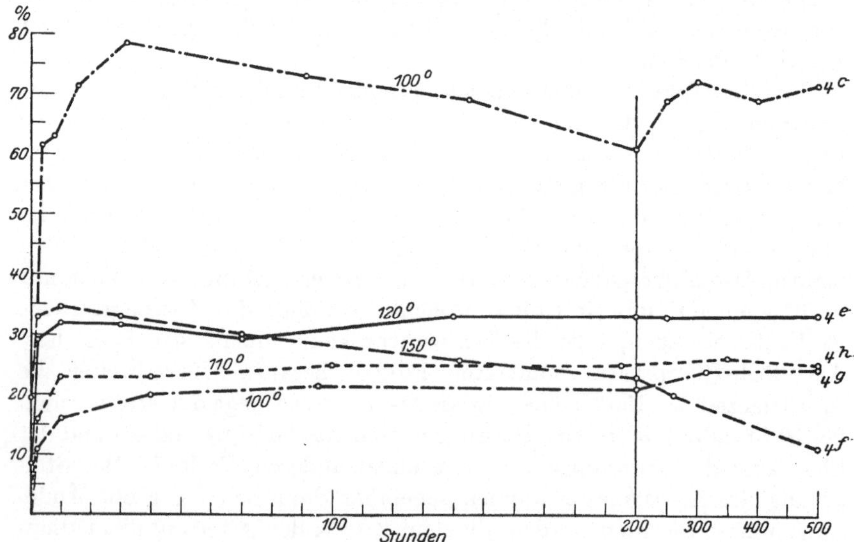

Abb. 34. Dichteänderung bei Alterung durch Anwärmen, bezogen auf die Änderung beim Härten. (Material Nr. 4).

turwirkung durchgreifend genug war, wurden auch diese Versuchsstücke nach Ablauf eines größeren Zeitabschnittes auf ihren physikalischen Zustand geprüft. — Es zeigte sich, daß dieser unverändert geblieben ist, daß also die durchgeführte Anwärmezeit bei allen Versuchstemperaturen hinreichend war. Die festgestellten Abweichungen von den Versuchswerten im letzten Stadium des Alterungsprozesses liegen innerhalb der Meßgenauigkeit. Leider konnte nicht in allen Fällen das Verhalten der Länge kontrolliert werden, da verschiedene Proben zur Betrachtung des Gefüges nach dem Alterungsversuch poliert und geätzt wurden. Es wurde versäumt, die Länge der Proben nach Erledigung dieser Untersuchung erneut festzustellen. Die leeren Felder in den Tabellen deuten an, welche Proben metallographisch geprüft wurden. Immerhin genügt die Feststellung der Länge an den übrigen Proben für die Gewinnung eines abgeschlossenen Urteils.

F. Verhalten des gehärteten Stahles beim Tauchen in flüssige Luft.

Der Einfluß der Temperaturwechselwirkung auf das Verhalten des gehärteten Stahles wird um so deutlicher, je stärker die Temperaturschwankungen sind. Wenn auch das Altern durch wechselndes Tauchen in kaltes und heißes Wasser schließlich auf eine reine Wärmewirkung zurückgeführt werden konnte, so war doch noch der Einfluß der flüssigen Luft zu prüfen. Ohne weiteres Schlüsse aus der Wechselbadtemperung auf das Verhalten beim Tauchen in flüssige Luft zu ziehen, wäre deshalb nicht richtig, weil das Herstellen eines derartig großen Temperaturintervalles ganz andere Verhältnisse zeitigen kann. Die chemische Veränderung in Form von Lösungserscheinungen war auf Grund physikalischer Analogien nicht von der Hand zu weisen.

Für diese Versuchsserie wurde je ein Probestab des Materials Nr. 3. 4 und 5 gewählt. Die Probestäbe wurden nur so lange in die flüssige Luft getaucht, bis sie die Temperatur von — 190° C erreicht hatten, wofür das Aufhören des Zischens einen Anhaltspunkt gab. Die Zeitdauer für das Durchlaufen dieses Temperaturintervalls war durchschnittlich 2 Min. Hierauf wurden die Proben herausgenommen und zwecks schnelleren Ausgleiches an die Zimmertemperatur in ein Becken fließenden Leitungswassers gebracht. Es bildete sich hierbei unter Knistern eine ca. 5 mm starke Eiskruste um die Probekörper, die unter dem Wasserstrahl sehr bald geschmolzen war. Nach ungefähr 5 Minuten war die Temperatur des Leitungswassers erreicht, so daß das Tauchen in die flüssige Luft wiederholt werden konnte. Dieser Wechsel wurde 10 mal vorgenommen. In Anbetracht der Kosten dieser Behandlung beschränkte sich der Verfasser auf die Feststellung der durch das Tauchen in flüssige Luft hervorgerufenen Zustandsänderung und legte mehr Gewicht auf die Erklärung der durch die Behandlung eingetretenen Erscheinung. Es mußte vor allem das Verhalten des Stahles bezüglich der zeitlichen Nachwirkungen geprüft werden. Denn dies ist letzten Endes der Maßstab für die Brauchbarkeit der Methode für die Alterung. Da diese in ihrer Erscheinung hinreichend geklärt wurden, genügt es, die Identität mit ihnen festzustellen. Weiterhin sollte die Wirkung einer als brauchbar erwiesenen Alterungsmethode studiert werden. Dementsprechend wurden die Probestäbe 10 Tage nach dem Tauchen in flüssige Luft wieder gemessen und hierauf 500 Stunden auf 110° C angewärmt. Wie bei den früheren Versuchen wurden auch hier Dichte, Länge und spezifischer Leitwiderstand ermittelt. Einige metallographische Bilder geben Aufschluß über das Gefügeaussehen vor und nach dem Tauchen in flüssige Luft. Die Ergebnisse der Messungen sind in den folgenden Zahlentafeln Nr. 30—32 zusammengestellt.

4*

Zahlentafel 30. Änderung der Dichte.

Bezeichnung des Zustandes	Bezeichnung des Probestabes					
	5i	in %	3	in %	4i	in %
gehärtet	7,7556		7,7620		7,8388	
nach 10maligem Tauchen in flüssige Luft	7,7420	—0,176	7,7480	—0,181	7,8260	—0,163
nach 10 Tagen	7,7432	—0,160	7,7495	—0,161	7,8271	—0,150
nach 24 Stunden bei 110° C	7,7614	+0,075	7,7666	+0,057	7,8401	+0,017
nach 500 Stunden bei 110° C	7,7622	+0,085	7,7678	+0,075	7,8414	+0,033
Ohne weitere Behandlung nach 12 Monaten	7,7626	+0,090	7,7680	+0,077	7,8417	+0,037

Zahlentafel 31. Änderung der Länge.

Bezeichnung des Zustandes	Bezeichnung des Probestabes					
	5i	in %	3i	in %	4i	in %
gehärtet	99,113		99,107		99,106	
nach 10maligem Tauchen in flüssige Luft .	99,151	+0,038	99,160	+0,053	99,155	+0,049
nach 10 Tagen	99,142	+0,029	99,156	+0,049	99,152	+0,046
nach 24 Stunden bei 110° C	99,040	—0,073	99,078	—0,029	99,092	—0,014
nach 200 Stunden bei 110° C	$99,026_5$	$—0,086_5$	$99,068_8$	$—0,038_2$	$99,084_5$	$—0,021_5$
nach 500 Stunden bei 110° C	$99,022_5$	$—0,090_5$	$99,066_6$	$—0,040_4$	99,083	—0,023
Ohne weitere Behandlung nach 12 Monaten	$99,022_2$	$—0,090_8$	$99,066_6$	$—0,040_4$	$99,082_8$	$—0,023_2$

Zahlentafel 32. Änderung des spezifischen Leitwiderstandes.

Bezeichnung des Zustandes	Bezeichnung des Probestabes					
	5i	in %	3i	in %	4i	in %
gehärtet	0,346		0,422		0,445	
nach 10maligem Tauchen in flüssige Luft	0,348	+ 0,6	0,425	+ 0,7	0,437	— 1,8
nach 10 Tagen	0,347	+ 0,3	0,426	+ 0,9	0,456	+ 2,5
nach 24 Stunden bei 110° C	0,324	— 6,3	0,360	—14,7	0,401	—10
nach 200 Stunden bei 110° C	0,315	— 9,0	0,353	—16,3	0,407	— 8,5
nach 500 Stunden bei 110° C	0,294	—15,0	0,345	—18,4	0,405	— 9,0
Ohne Behandlung nach 12 Monaten	0,298	—13,9	0,346	—18,0	0,404	— 9,2

Das Tauchen in flüssige Luft hat eine Vergrößerung des Volumens verursacht, die sehr beträchtlich ist. Beträgt sie doch bei dem Werkzeugstahl 40 % und bei den in Öl gehärteten Stählen 30 % der mittleren Änderung beim Härten. Die Verlängerung ist bei letzteren größer

als beim Werkzeugstahl, der auch beim Härten größere Durchmesseränderungen als Längenänderungen zeigt. Die Untersuchung des spezifischen Leitwiderstandes brachte keine merkliche Veränderung desselben beim Tauchen in die flüssige Luft.

Infolge der Volumenvermehrung ist kein nützlicher Einfluß dieses
Verfahrens für die Alterung zu ersehen. Daß das Tauchen in flüssige
Luft kein Alterungsverfahren ist, zeigte sich auch schon nach einigen
Tagen. Die Symptome der zeitlichen Nachwirkungen konnten nach
10 Tagen in Form von Dichtezunahmen und Längenabnahmen festgestellt werden. Sie waren durchwegs stärker als bei den im Absatz über
„zeitliche Nachwirkungen" ermittelten Versuchswerten. Eine Änderung
des spezifischen Leitwiderstandes war nach 10 Tagen noch nicht zu
konstatieren. Es scheinen sich demnach bei der Alterung in erster
Linie die Spannungen auszugleichen. Bei der nachfolgenden künstlichen
Alterung durch 500 stündiges Anwärmen auf 110° zeigten sich stärkere
Wirkungen, als bei dem gleichlaufenden Hauptversuch. Doch konnte
der dort erreichte Zustand (der Härtezustand als Ausgangsstadium
genommen) nicht festgestellt werden[1]).

Schließlich soll noch erwähnt werden, daß der Probestab 2d, der durch
ein 500 stündiges Anwärmen auf 120° C gealtert war, nachher zweimal
in flüssige Luft getaucht wurde und daß sich bei ihm keinerlei Veränderung einstellte[2]).

G. Die Bedeutung der Alterung in der Massenfertigung.

Wie schon vorausgehend erwähnt, spielt das Studium der Arbeitsgänge in der Massenfertigung eine bedeutende Rol e. Hängt doch die
Durchführung eines geregelten Fabrikationsganges sehr oft von der genauen Kenntnis der inneren Vorgänge im Material ab. Es sei ein prak-
tisches Beispiel herausgegriffen, das in der Fertigung von Haarlinealen
bestehen soll, bei dem es sich also um die Herstellung einer mathematisch

---

[1]) Die Prüfung des physikalischen Zustandes der Proben nach einem Jahr ergibt völlige Übereinstimmung mit den Schlußwerten der konstanten Temperaturwirkung.

[2]) Dieses eigenartige Verhalten gegenüber den nichtgealterten Probestäben
läßt darauf schließen, daß durch die Alterung eine Stoffänderung hervorgerufen
wurde. Nach den Versuchen Maurers tritt beim Tauchen von gehärteten Gegen-
ständen in flüssige Luft eine Verwandlung des vorhandenen Austenits in Martensit
ein. Aus dem Ergebnis der vorliegenden Versuche kann geschlossen werden,
daß der elektrische Leitwiderstand bei der Umwandlung von Austenit in Martensit
nicht geändert wird, daß er also für beide Zustände gleich ist und daß durch das
500stündige Anwärmen auf 120° C der Austenit bereits in Martensit übergeführt
werden kann. Diese für die Kenntnis des Verhaltens der Modifikationen Austenit-
Martensit wichtigen Tatsachen stellen eine Erweiterung der gleichlaufenden Resultate von Maurer und Benedicks dar.

geraden Fläche handelt. Die Lineale müssen, um sie verwendungsfähig zu machen, gegenüber zeitlichen Nachwirkungen geschützt sein. Als Versuchskörper wurden Leisten von 270 mm Länge, 18 mm Breite und 4 mm Stärke aus Chromstahl gemäß Material Nr. 3 gewählt. Diese Leisten wurden an allen 4 Seiten gefräst, gehärtet und der künstlichen Alterung unterworfen. Um gute Versuchswerte zu bekommen, wurden für jede Alterungstemperatur 10 Leisten angesetzt. Die Alterung wurde bei 100°, 110°, 130°, 140° und 150° durchgeführt und zwar zunächst in Öl bis 8 Stunden und hierauf in Luft unter Verwendung des beschriebenen selbstregistrierenden Heraeusofens. Desgleichen wurde ein Versuch durch Wechselbadalterung nach denselben Gesichtspunkten wie vorausgehend durchgeführt. Als Meßgerät wurde eine Deckelschiebelehre mit 350 mm Meßlänge und Feinstellschieber verwendet. Die Schiebelehre wurde in einen Halter eingespannt, um sie vor Temperaturübergang zu schützen. Zur Messung der Leiste wurde diese immer mit derselben Meßstelle an die eine Meßfläche der Schiebelehre angehalten und hierauf der Schieber mittels der Feinstellschraube bis zur Berührung mit der Leiste vorgeschraubt.· Die Messung gestattete eine überraschende Genauigkeit, da sich die Leiste sehr fein zwischen die Meßflächen einfühlen ließ. Bei Verwendung einer Lupe ließ sich eine Meßgenauigkeit für den Mittelwert aus 10 Messungen von 0,01 mm erreichen. Um den Einfluß einer Wärmebehandlung vor dem Härten studieren zu können, wurden 10 Leisten 24 Stunden auf 100° angewärmt (Zahlentafel 33, Spalte 3) und weitere 10 Leisten vor dem Härten geglüht (Zahlentafel 39, Spalte 3). Schließlich wurde die Härte an je 3 Leisten jeder Versuchsserie durch Eindrücken einer 5-mm-Kugel nach dem Brinellverfahren gemessen. Aus der eingedrückten Kalotte kann man auf die Härte des Versuchskörpers schließen. In den folgenden Tabellen sind die Ergebnisse der Messungen zusammengestellt.

Zu den Zahlentafeln ist zu bemerken, daß die für die einzelnen Alterungsstufen angegebenen Längenänderungen als Gesamtänderung gegenüber dem Härtezustand aufzufassen sind, während bei den dem Härten vorausgehenden Behandlungen die Zahlenangaben sich auf den vorhergehenden Zustand beziehen. Die Alterungszeit ist jeweils als Gesamtzeit vom Härten an gerechnet zu betrachten. Bei den Angaben über die Härte ist die bei der betreffenden Alterungsstufe angegebene Härte in Prozenten gegenüber der ursprünglichen Härte ausgedrückt. Die Mittelwerte der Längenänderungen sind einmal für sämtliche 10 Leisten berechnet, das andere Mal nur für diejenige Anzahl von Leisten, die sich gegenüber dem Mittelwert nur um $\pm$ 0,05 mm beim Härten geändert haben. Sämtliche Werte haben als Einheit 0,01 mm.

Aus den Zahlentafeln ist zu ersehen, daß die Längenänderungen beim Härten sehr verschieden sind. Die größten Änderungen unterscheiden

Zahlentafel 33. Längenänderung bei Alterung im Wechselbad.

Nr. der Leiste	Länge im weichen Zustand mm	nach 24 Std. bei 100°C	nach Härten	Änderungen in 0,01 mm											
				durch wechselndes Tauchen im Wasserbad nach									durch Anwärmen auf 100°C nach		
				2 × 2 Min.	7 × 2 Min.	12 × 2 Min.	37 × 2 Min.	77 × 2 Min.	167 × 2 Min.	242 × 2 Min.	480 × 2 Min.	960 × 2 Min.	28 Std.	60 Std.	130 Std.
1	270,84	—4	+38	—2	—4	—4	—8	—8	—10	—10	—11	—11	—13	—14	—15
2	270,96	0	+32	—4	—6	—8	—10	—12	—13	—16	—15	—16	—17	—18	—18
3	270,82	+2	+35	—5	—11	—12	—14	—14	—16	—16	—16	—17	—19	—19	—19
4	270,80	0	+24	—1	—2	—4	—7	—7	—7	—8	—8	—9	—10	—11	—12
5	270,78	0	+27	—3	—3	—5	—7	—7	—9	—9	—10	—10	—11	—12	—12
6	270,82	+4	+23	—1	—3	—3	—5	—5	—7	—6	—7	—7	—9	—9	—9
7	270,78	+2	+33	—3	—4	—5	—7	—7	—9	—9	—9	—10	—11	—11	—12
8	270,86	+4	+31	—3	—3	—7	—9	—9	—9	—10	—10	—12	—13	—13	—13
9	270,80	+4	+20	—2	—2	—4	—6	—7	—9	—8	—10	—10	—11	—11	—11
10	270,66	0	+30	—2	—3	—5	—8	—8	—10	—10	—11	—12	—12	—13	—13
Mittelwert aus 10 Leisten...				—2,6	—4,1	—5,7	—8,1	—8,4	—9,9	—10,2	—10,7	—11,4	—12,6	—13,1	—13,4
„ „ 6 Leisten...				—3,3	—5	—7	—9,2	—9,5	—11	—11,7	—11,8	—12,2	—13,8	—14,3	—14,5

Zahlentafel 34. Längenänderung bei Alterung durch Anwärmen auf 100°C.

Nr. der Leiste	Länge nach Fräsen in mm	nach Härten	Änderungen in 0,01 mm											
			durch Anwärmen auf 100°C nach											
			4 Min.	14 Min.	34 Min.	74 Min.	150 Min.	330 Min.	8 Std.	16 Std.	32 Std.	60 Std.	118 Std.	248 Std.
11	270,84	+34	—3	—4	—8	—10	—10	—12	—12	—13	—14	—15	—14	—16
12	270,78	+28	—2	—3	—6	—8	—10	—12	—12	—13	—13	—14	—14	—16
13	270,76	+57	—3	—3	—5	—5	—9	—11	—11	—13	—14	—14	—14	—15
14	270,82	+43	—3	—5	—8	—11	—13	—15	—15	—17	—18	—19	—19	—21
15	270,80	+32	—4	—5	—8	—11	—13	—15	—15	—17	—18	—19	—19	—20
16	270,74	+38	—2	—2	—5	—6	—7	—8	—8	—9	—9	—10	—10	—11
17	270,72	+26	—2	—4	—6	—8	—9	—10	—10	—11	—12	—13	—13	—14
18	270,70	+34	—4	—5	—8	—10	—11	—11	—11	—12	—13	—13	—12	—14
19	270,78	+27	—3	—3	—6	—7	—9	—10	—10	—12	—13	—13	—14	—15
20	270,80	+38	—2	—3	—4	—4	—7	—8	—8	—8	—9	—9	—10	—11
Mittelwert aus 10 Leisten ..			—2,8	—3,7	—6,4	—8,0	—9,8	—11,2	—11,2	—12,4	—13,3	—13,9	—13,9	—15,3
„ „ 6 Leisten ..			—3	—4	—6	—9	—10,3	—11,7	—11,7	—13,0	—13,8	—14,5	—14,3	—15,8

Zahlentafel 35. Längenänderung bei Alterung durch Anwärmen auf 110° C.

Nr. der Leiste	Länge nach Fräsen in mm	nach Härten	Änderungen in 0,01 mm durch Anwärmen auf 110° C nach											
			4 Min.	14 Min.	34 Min.	74 Min.	150 Min.	330 Min.	8 Std.	16 Std.	32 Std.	60 Std.	118 Std.	248 Std.
21	270,74	+28	—7	—10	—10	—12	—12	—12	—12	—13	—13	—14	—13	—14
22	270,74	+42	—6	—8	—9	—11	—10	—10	—11	—12	—12	—14	—14	—14
23	270,86	+31	—5	—7	—8	—8	—8	—9	—9	—9	—10	—11	—11	—11
24	270,86	+34	—6	—8	—10	—11	—11	—12	—12	—13	—13	—16	—15	—16
25	270,82	+30	—6	—8	—9	—12	—12	—12	—12	—13	—14	—16	—15	—15
26	270,78	+36	—5	—7	—8	—8	—9	—9	—9	—11	—12	—12	—12	—13
27	270,76	+26	—6	—7	—10	—10	—11	—11	—11	—11	—12	—13	—12	—12
28	270,80	+26	—4	—6	—8	—8	—9	—9	—9	—9	—11	—16	—10	—10
29	270,70	+32	—8	—12	—12	—12	—14	—14	—14	—15	—16	—16	—16	—16
30	270,70	+22	—4	—8	—8	—8	—8	—8	—9	—8	—10	—11	—10	—11
Mittelwert aus 10 Leisten . .			—5,7	—8,1	—9,2	—10,0	—10,4	—10,6	—10,8	—11,4	—12,3	—13,4	—12,8	—13,2
„ „ 7 Leisten . .			—6	—8,3	—9,5	—10,4	—11,0	—11,3	—11,3	—11,9	—12,7	—13,8	—13,3	—13,4

Zahlentafel 36. Längenänderung bei Alterung durch Anwärmen auf 120° C.

Nr. der Leiste	Länge nach Fräsen in mm	nach Härten	Änderungen in 0,01 mm durch Anwärmen auf 120° C nach											
			4 Min.	14 Min.	34 Min.	74 Min.	150 Min.	330 Min.	8 Std.	16 Std.	32 Std.	60 Std.	118 Std.	248 Std.
31	270,84	+37	—7	—11	—14	—15	—17	—17	—17	—17	—17	—17	—17	—17
32	270,74	+50	—7	—9	—14	—14	—16	—16	—16	—16	—16	—16	—16	—16
33	270,80	+34	—5	—8	—10	—11	—12	—12	—13	—12	—13	—13	—14	—14
34	270,86	+30	—8	—11	—13	—13	—16	—16	—16	—14	—16	—16	—16	—16
35	270,82	+46	—8	—12	—14	—15	—18	—19	—19	—19	—19	—20	—21	—19
36	270,66	+36	—8	—14	—16	—17	—19	—19	—19	—18	—20	—19	—18	—19
37	270,84	+37	—5	—9	—12	—13	—15	—15	—16	—16	—15	—16	—16	—17
38	270,82	+36	—6	—11	—13	—14	—17	—16	—17	—16	—17	—16	—16	—17
39	270,84	+25	—5	—9	—9	—12	—14	—14	—15	—14	—13	—13	—13	—13
40	270,86	+32	—5	—10	—12	—12	—14	—15	—15	—15	—15	—15	—14	—15
Mittelwert aus 10 Leisten . .			—6,4	—10,4	—12,7	—13,6	—15,8	—15,9	—16,3	—15,7	—16,1	—16,1	—16,1	—16,3
„ „ 6 Leisten . .			—6,1	—10,5	—12,6	—13,1	—15,3	—15,3	—15,8	—14,8	—15,7	—15,3	—15,2	—15,8

Zahlentafel 37. Längenänderung bei Alterung durch Anwärmen auf 130° C.

Nr. der Leiste	Länge nach Fräsen in mm	nach Härten	Änderungen in 0,01 mm durch Anwärmen auf 130° C nach											
			4 Min.	14 Min.	34 Min.	74 Min.	150 Min.	330 Min.	8 Std.	16 Std.	32 Std.	60 Std.	118 Std.	248 Std.
41	270,76	+ 33	— 9	—11	—13	—14	—14	—15	—15	—15	—15	—15	—16	—15
42	270,78	+ 34	—10	—12	—15	—16	—17	—17	—17	—16	—17	—17	—17	—15
43	270,68	+ 24	— 8	—12	—14	—15	—15	—15	—15	—15	—16	—14	—14	—12
44	270,30	+ 40	— 4	—14	—14	—15	—15	—14	—14	—15	—15	—15	—15	—13
45	270,78	+ 36	— 4	— 8	—11	—12	—12	—12	—11	—11	—11	—13	—14	—12
46	270,84	+ 27	— 6	— 9	—11	—11	—11	—11	—11	—11	—11	—11	—12	—11
47	270,72	+ 26	— 4	— 8	—10	—10	—11	—12	—12	—12	—11	—11	—13	—12
48	270,74	+ 35	— 7	— 9	—13	—13	—13	—12	—14	—14	—15	—15	—15	—13
49	270,86	+ 25	— 5	— 7	— 9	— 9	—10	—10	—10	— 9	—10	—10	—11	— 9
50	270,88	+ 29	— 5	— 7	— 8	— 9	— 9	— 9	— 9	— 9	— 9	— 9	—10	— 9
Mittelwert aus 10 Leisten . .			—6,2	— 9,7	—11,8	—12,4	—12,7	—12,7	—12,8	—12,7	—13,0	—13,0	—13,7	—12,1
„ „ 7 Leisten . .			—6,6	— 9	—11,3	—11,7	—12,1	—12,3	—12,6	—12,3	—12,6	—12,6	—13,4	—12,0

Zahlentafel 38. Längenänderung bei Alterung durch Anwärmen auf 140° C.

Nr. der Leiste	Länge nach Fräsen in mm	nach Härten	Änderungen in 0,01 mm durch Anwärmen auf 140° C nach											
			4 Min.	14 Min.	34 Min.	74 Min.	150 Min.	330 Min.	8 Std.	16 Std.	32 Std.	60 Std.	118 Std.	248 Std.
51	270,76	+ 38	—12	—12	—14	—16	—16	—16	—16	—14	—15	—15	—14	—11
52	270,76	+ 32	—16	—18	—20	—21	—20	—20	—21	—21	—20	—19	—20	—18
53	270,84	+ 50	—12	—14	—16	—16	—16	—16	—17	—18	—18	—15	—16	—12
54	270,70	+ 26	—10	—12	—13	—13	—13	—14	—14	—14	—14	—13	—14	—13
55	270,86	+ 35	—11	—15	—16	—15	—16	—16	—16	—16	—15	—15	—16	—15
56	270,78	+ 36	— 8	—10	—11	—12	—12	—13	—14	—14	—13	—14	—14	—10
57	270,72	+ 28	— 8	—10	—12	—13	—13	—14	—13	—12	—12	—12	—12	—10
58	270,86	+ 46	—14	—18	—19	—19	—19	—20	—19	—20	—19	—19	—19	—17
59	270,78	+ 36	—14	—14	—17	—18	—18	—19	—18	—18	—18	—17	—18	—16
60	270,80	+ 28	— 8	— 8	—12	—12	—12	—13	—13	—14	—12	—11	—12	—12
Mittelwert aus 10 Leisten . .			—11,3	—14,1	—15,0	—15,5	—15,5	—16,1	—16,1	—15,8	—15,6	—15,0	—15,7	—13,4
„ „ 5 Leisten . .			—10,6	—12,6	—14,0	—15,0	—14,8	—15,4	—15,4	—14,8	—14,6	—14,0	—14,8	—11,6

Zahlentafel 39. Längenänderung bei Alterung durch Anwärmen auf 150° C.

Nr. der Leiste	Länge nach Fräsen in mm	nach Glühen	nach Härten	Änderungen in 0,01 mm durch Anwärmen auf 150° C nach											
				4 Min.	14 Min.	34 Min.	74 Min.	150 Min.	330 Min.	8 Std.	16 Std.	32 Std.	60 Std.	118 Std.	248 Std.
61	270,82	—14	+32	—14	—16	—16	—16	—16	—16	—16	—17	—16	—15	—13	—12
62	270,80	—14	+30	—12	—14	—14	—16	—15	—15	—15	—16	—14	—13	—12	—11
63	270,84	—10	+34	—14	—16	—16	—18	—18	—19	—18	—18	—18	—17	—14	—13
64	270,80	—14	+33	—15	—18	—18	—19	—19	—19	—19	—20	—19	—17	—15	—13
65	270,94	—10	+23	—14	—20	—20	—20	—20	—20	—20	—20	—21	—18	—16	—14
66	270,86	—16	+29	—13	—17	—17	—17	—18	—18	—19	—18	—18	—16	—14	—13
67	270,92	—22	+26	—18	—20	—20	—21	—21	—21	—22	—22	—21	—20	—16	—14
68	270,70	—18	+22	—16	—22	—22	—23	—23	—23	—24	—24	—24	—21	—18	—16
69	270,76	—12	+26	—10	—13	—14	—14	—14	—15	—15	—14	—14	—13	—11	—9
70	270,84	—10	+34	—12	—18	—18	—20	—19	—19	—18	—18	—18	—18	—11	—13
Mittelwert aus 10 Leisten . . .				—13,8	—17,4	—17,5	—18,4	—18,3	—18,4	—18,6	—18,7	—18,3	—16,6	—14,3	—12,8
„ „ 8 Leisten . . .				—13,5	—16,5	—16,6	—17,6	—17,5	—17,7	—17,7	—17,9	—17,1	—16,1	—13,6	—12,2

Zahlentafel 40. Änderung der Härte beim Altern durch Anwärmen.

Alterungstemperatur ° C		nach Härten	Eindruckdurchmesser einer 5-mm-Kugel bei 500 kg Druck nach konstantem Anwärmen für die Dauer von											
			4 Min.	14 Min.	34 Min.	74 Min.	150 Min.	330 Min.	8 Std.	16 Std.	32 Std.	60 Std.	118 Std.	248 Std.
100° C . .	⌀	1,053	1,058	1,058	1,058	1,063	1,075	1,075	1,082	1,090	1,092	1,110	1,110	—
	in %		99,4	99,4	99,4	99,0	97,8	97,8	97,2	96,5	96,4	94,8	94,8	
110° C . .	⌀	1,046	1,057	1,060	1,063	1,068	1,088	1,093	1,097	1,108	1,097	1,110	1,127	1,125
	in %		99,0	98,7	98,5	98,0	96,2	95,8	95,4	94,4	95,3	94,2	92,8	93,0
120° C . .	⌀	1,040	1,057	1,065	1,065	1,068	1,100	1,098	1,097	1,105	1,103	1,101	1,140	1,137
	in %		98,4	97,7	97,7	97,5	94,5	94,7	94,8	94,1	94,2	94,5	93,4	91,3
130° C . .	⌀	1,047	1,060	1,065	1,068	1,070	1,100	1,100	1,103	1,107	1,113	1,103	1,117	1,117
	in %		98,8	98,3	98,0	97,8	95,2	95,2	95,0	94,6	94,2	95,0	93,7	93,7
140° C . .	⌀	1,037	1,030	1,063	1,070	1,078	1,098	1,095			1,126	1,103	1,123	1,112
	in %		97,8	97,5	97,0	96,2	94,3	94,6			82,3	95,0	84,3	92,5
150° C . .	⌀	1,037	1,052	1,062	1,065	1,073	1,103	1,113	1,117	1,120	1,100	1,157	1,150	1,165
	in %		98,7	97,7	97,5	96,7	94,2	93,3	92,8	92,7	94,3	90,8	91,3	90,2

sich von den kleinsten um 80%. Das dem Härten vorausgehende 24 stündige Anwärmen auf 100° C (Zahlentafel 33) konnte keine Gleichmäßigkeit in die Verlängerung beim Härten bringen. Dagegen konnte das vor dem Härten ausgeführte Glühen (12 Stunden bei 720°) die Verschiedenartigkeit beim Härten auf 55% herabdrücken (Zahlentafel 39). Dementsprechend sind auch die Änderungen beim Altern in sich gleichmäßiger. Dies scheint demnach ein Weg zu sein, um sowohl die Änderungen beim Härten als auch beim Altern gesetzmäßiger zu gestalten. Die verschieden berechneten Mittelwerte aus den Änderungen beim Altern unterscheiden sich nur wenig voneinander, was neuerdings ein Beweis dafür ist, daß die Alterung in der Hauptsache die dem Material durch das Härten anhaftenden Spannungen beseitigt.

In dem Diagramm 35 sind die Mittelwerte aus den Änderungen der 10 Leisten dargestellt. Es stellt sich hier, insbesondere wenn man noch eine Korrektion anbringt dadurch, daß man die Längenänderungen auf die Änderungen beim Härten bezieht, nach Abb. 36 ein gesetzmäßiger

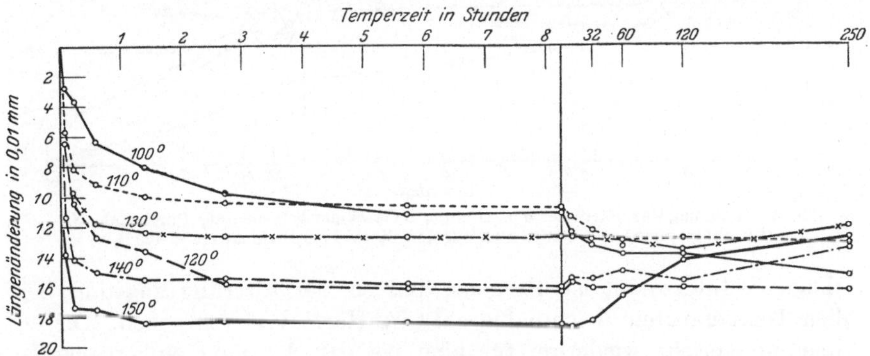

Abb. 35. Längenänderungen rechteckiger Schienen 18×4×273 mm aus Chromstahl Nr. 3 bei künstlicher Temperung.

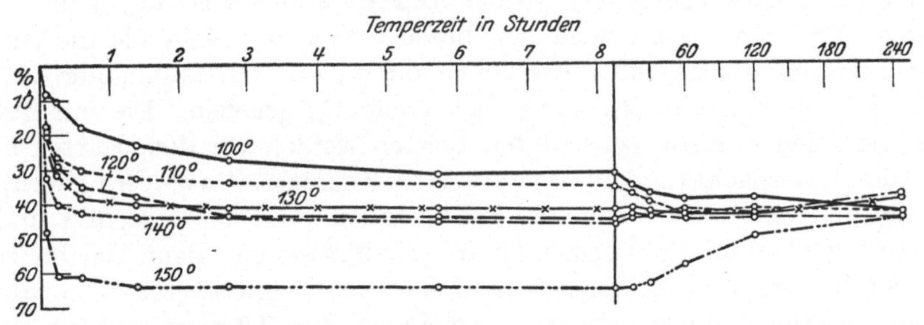

Abb. 36. Prozentuale Längenänderungen rechteckiger Schienen 18×4×73 mm aus Chromstahl (Nr. 3) bei künstlicher Alterung, bezogen auf die Verlängerung beim Härten.

Einfluß der Anwärmetemperatur heraus. Auch hier muß eine Temperatur von 120—130° C als die günstigste für die Alterung bezeichnet

werden, da durch sie am schnellsten ein bleibender Zustand erreicht
wird. Unterhalb dieser Temperatur ist eine längere Zeit notwendig und
oberhalb derselben treten im späteren Verlauf der Alterung wieder Verkürzungen auf, die auf eine reine Gefügeumwandlung zurückzuführen
sind. Die Verkürzungen bei 150⁰ C treten auch bei diesem Versuch nach
10 Stunden Anwärmzeit ein. Nun wäre es auch naheliegend, auf 150⁰ C
Alterungstemperatur zurückzugreifen und nur so lange zu altern, bis
keine Gefügeumwandlungen zu befürchten wären. Doch müßte es einer
sorgfältigen Überprüfung anheimgestellt werden, ob dieser rasche
Alterungsvorgang auch zweckdienlich und hinreichend ist. Der etwas
stärkere Härteverlust nach Abb. 37 wäre nicht allzu hoch zu veran-

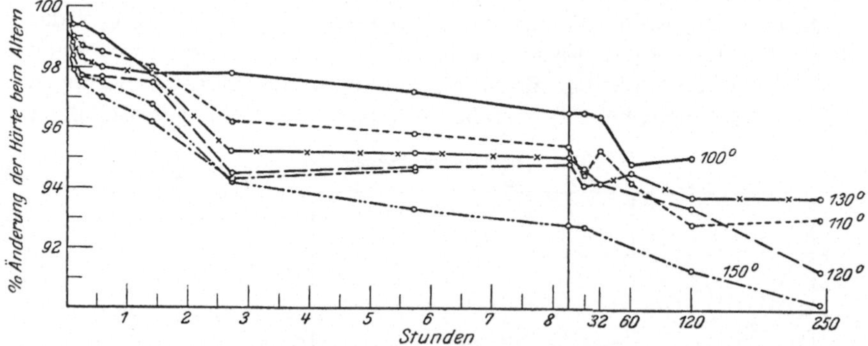

Abb. 37. Änderung der Härte bei der Alterung rechteckiger Schienen aus Chromstahl Nr. 3.
(Die Prozentangaben beziehen sich auf den Zustand vor dem Altern = 100 %.)

schlagen. Interessant ist übrigens, daß bei der Alterung ungefähr bei
allen Temperaturen gleichmäßig ca. 6 % Härte verloren gehen. Dieser
Umstand spricht wiederum für eine bei der Alterung einhergehende
Gefügeumwandluug, wie er schon durch die Änderung des spezifischen
Leitwiderstandes konstatiert wurde. Die Änderungen bei der Alterung
durch Wechselbad sind auch bei diesem Versuch kleiner als die Änderungen durch konstantes Anwärmen auf 100⁰ C. Die Lösung der Aufgabe ist durch diesen Massenversuch eindeutig gegeben. Die mit gut
schneidenden Fräsern bearbeiteten Leisten werden vor dem Härten in
Holzkohle verpackt (um die Oxydation des Kohlenstoffes zu verhindern),
in einem Koks- oder Gasofen einige Stunden bei 720⁰ C geglüht und
unter Luftabschluß des Ofens langsam erkalten lassen. Beim Härten ist
zu beobachten, daß die Leisten senkrecht ins Öl gestoßen werden, um
eine einseitige Kühlwirkung zu vermeiden. Zur Alterung werden die
Leisten 200 Stunden in einem selbstregistrierenden Ofen auf 120—130⁰ C
gehalten.

    Der Verfasser hat festgestellt, daß diese Behandlungsvorschrift
jede nachträgliche Veränderung vollkommen ausschließt.

III. Metallographisches Studium der Alterungsvorgänge.

Die Verfolgung der inneren Vorgänge auf metallographischem Wege erfordert ein Vorstudium über die sachgemäße Behandlung der Schliffe, Dadurch, daß es sich um harte Gegenstände handelt, kompliziert sich die Arbeit außerordentlich. Zur Vermeidung einer Selbsttäuschung muß beim Schleifen auch das geringste Erwärmen vermieden werden. Falls eine zweckdienliche Einrichtung, die das schnelle Bearbeiten der Schliffe förderte, gemangelt hätte, wäre die Bewältigung der ausgedehnten metallographischen Arbeit nicht möglich gewesen. Ein guter Schliff ist aber die Vorbedingung für ein richtiges Erkennen der Vorgänge. Weiterhin war eine sorgfältige Behandlung des photographischen Teiles notwendig, da es sich durchweg um feinkörnige Gefüge handelte.

Das Schleifen erfolgte zunächst unter reichlicher Wasserkühlung mit weicher Schmirgelscheibe unter Abnahme geringer Spanstärken. Nachher wurden die Proben auf der Kupferscheibe weiter bearbeitet. Eine Erwärmung auf diese Weise war demnach ausgeschlossen. Gleichzeitig waren dadurch die Schliffe sehr gut eben, so daß eine Verzerrung des Bildes nicht in Frage kam. Es ist eine bekannte Tatsache, daß der handelsübliche Stahl nicht homogen ist, und daß das Gefüge innerhalb des Querschnittes durch Schwankungen in der Korngröße starken Änderungen unterworfen ist. Es ist klar, daß man die vermuteten kleinen Änderungen nur dann richtig beurteilen konnte, wenn man immer wieder einen bestimmten Punkt des Querschnittes ins Auge faßte. Zu diesem Zweck wurden die Proben längs einer Mantellinie mit einer Kerbe versehen. Durch Anlegen des Schliffes gegen einen festen Anschlag und Fixierung der Kerbe in einem Zahn des Objekttisches war die Betrachtung eines Punktes des Querschnittes möglich. Dazu kommt immer noch, daß das Korn sich in Richtung der Mantellinie ändert, da der Schliff nach jeder Behandlung neu poliert werden muß. Daß dies notwendig war, wurde in einem Vorversuch und durch Betrachtung des Schliffes vor und nach dem Polieren festgestellt. Das Ätzen der Schliffe erfolgte mit 1 proz. alkoholischer Salpetersäure.

Um einen Maßstab für die Beurteilung der Alterungsvorgänge zu bekommen, wurde mit dem Material Nr. 4 ein Anlaßversuch durchgeführt. Die Probe wurde bis 300° C in Öl und darüber im Bleibad unter Pyrometerkontrolle 10 Minuten jeweils nachgelassen. Die Änderungen des Gefüges sind aus den Abb. 38—48 ersichtlich. Die Abb. 38 stellt das Gefüge im gehärteten Zustand dar. Nicht in Lösung gegangener Perlit *a* in einer nahezu strukturlosen hardenitischen Grundmasse *b*, die kleinen runden Körner sind ausgeschiedenes Karbid *c* in kugeliger Form. Beim Anlassen tritt ein Zerreißen des Hardenits ein, der mit steigender Anlaßtemperatur mehr und mehr in Troostit übergeht. Die Umwandlung in diesen Anlaßzustand ist bei 240 ° C nach Abb. 42 vollständig erfolgt. Ein weiterer typischer Anlaßzustand ist der Osmondit bei 400 ° C nach Abb. 46. Zwischen den drei Zuständen Hardenit, Troostit, Osmondit, bestehen Übergangszustände, bei welchen derjenige Bestandteil am meisten vertreten ist, je näher der Zustand einem der drei erwähnten Gefügebestandteile liegt. Von Bedeutung für die vorliegende Untersuchung ist lediglich der Hardenit und Troostit mit sämtlichen Übergängen vom ersteren zum letzteren. Aus den Abb. 39—42 ist sehr gut der kontinuierliche Übergang zu sehen, der mit einem Zerreißen der hardenitischen Grundmasse beginnt.

Für die Alterungsversuche wurden die Materialien Nr. 5, 3, 4 und 1 einer kritischen Betrachtung bei verschiedenen Alterungstemperaturen unterzogen. Es seien zunächst die Gefügebilder der weichen Stähle näher betrachtet. Entsprechend ihrer Zusammensetzung lassen sich folgende Bestandteile erkennen:

> Abb. 49 und 50. Material 5. Wenig Zementit und Perlit. Die runden Zementitkörner a sind besonders bei der starken Vergrößerung gut zu sehen.
> „   51. Material 3. Heller Ferrit a in dunklem Perlit b.
> „   52.   „   1. Reichlich Zementit (weiß) a in Perlit b.
> „   53.   „   4. Feinkörniger Zementit a in Perlit b.

Bei den vergleichenden Studien waren zwei Momente zu berücksichtigen. Es war festzustellen, ob das Polieren auf der Tuchscheibe nach jeder Behandlung zur Erkennung des neuen Zustandes genügte, und welchen Einfluß die Ätzwirkung auf die Veränderung des Gefügebildes hat. Um ersteres zu prüfen, wurde ein Schliff in einem bestimmten Zustande 6 mal hintereinander auf der Tuchscheibe poliert und jedesmal wieder geätzt. Das Gefügebild nach dem ersten und sechsten Polieren stimmte überein, so daß das einfache Polieren auf der Tuchscheibe genügt und die Bearbeitung auf der Kupferscheibe überflüssig ist. Dagegen kann durch die Ätzzeit bzw. Konzentration der Säure eine ziemlich willkürliche Veränderung des Gefügebildes hervorgerufen werden, so daß auf eine genaue Einhaltung dieser beiden Faktoren peinlichst geachtet werden muß. Als Ätzzeit wurden 2 Minuten, als Konzentration $1\,^0/_0$ gewählt. Das Gefügebild gewährleistet demnach nur einen relativen Vergleichsmaßstab.

Zum Studium der Alterungswirkung auf das Gefüge wurden folgende Versuche angestellt:

1. Alterung durch Wechselbad
2.   „   „   Anwärmen auf 100 °
3.   „   „   „   „   120 °.
4.   „   „   „   „   150 °.

5. Aufnahme von Gefügebildern der gealterten Probekörper, die im Hauptversuch behandelt wurden.

6. Tauchen in flüssige Luft.

Zur Erzielung eines guten Vergleiches wurden die Serien 1, 2 und 3 zusammen für das Material 3 und 4 untersucht, insofern als die für die Versuchsserien verwendeten Probestücke an einem Stück gehärtet wurden, das dann in die einzelnen Probestücke geteilt wurde. Dadurch war die Gewähr für das gleichmäßige Härten sämtlicher Probekörper gegeben. Im übrigen wurden sie zwecks Vergleichs derselben Stelle im Querschnitt, wie vorausgehend beschrieben, mit einer Kerbe versehen. Die Abb. 54 und 55 zeigen die Proben der Materialien 3 und 4 in gehärtetem Zustand. Bei der Aufnahme Nr. 54 war der Schliff etwas stark geätzt. Entsprechend der Zusammensetzung und der Härtetemperatur von 850⁰ C in Öl ist bei Material 3 und 4 im gehärteten Zustand eine feste Lösung von γ-Eisen und Eisenkarbid zu erwarten. Sollte die Abschreckwirkung nicht genügend erfolgt sein, dann müßte beim Material 3 die beginnende Ausscheidung von Eisenkristallen, beim Material 4 von Karbidkristallen neben der festen Lösung zu bemerken sein. Diese letztere Ausscheidung und nicht in Lösung gegangener Perlit sind beim Härten in geringen Mengen meist zu konstatieren. Der Vergleich der Abb. 54 und 55 beweist, daß solche Ausscheidungen in Form von kleinen Körnern a stattgefunden haben und daß noch Perlit b in geringen Mengen ungelöst übrig geblieben ist. Eine Gefügeveränderung durch die Alterung wäre nur in einer weiteren Ausscheidung von Eisen- bzw. Karbidkristallen und Zerfall der festen Lösung denkbar. Im folgenden sind die Zustände für die Alterung der beiden Materialien angegeben:

Abb. 56. Material 3. 70 Stunden bei 100⁰ C angewärmt.

„   57.   „   4. 4   „   „   „   „   (stark geätzt).

„   58.   „   4. 70 „   „   „   „

„   59.   „   3. 100mal à 2 Min. im Wechselbad gealtert.

„   60.   „   4. 100mal à   „   „   „

„   61.   „   3. 4 Stunden bei 120⁰ C angewärmt.

„   62.   „   3. 74   „   „   „   „   (etwas zu stark geätzt).

„   63.   „   3. 200 Stunden bei 120⁰ C angewärmt.

„   64. dasselbe bei starker Vergrößerung, $v = 2500$.

„   65. Material 4. 74 Stunden bei 120⁰ C angewärmt. Die schwarzen Stellen a sind Verunreinigungen des Schliffes.

„   66.   „   4. 200 Stunden bei 120⁰ C angewärmt.

„   67. dasselbe bei starker Vergrößerung, $v = 2500$.

Wenn man diese Aufnahmen mit den Abb. 54 und 55 vergleicht, so kann man einen Zerfall der festen Lösung feststellen. Dieser Zerfall kommt beim Alterungsversuch durch Anwärmen auf 100⁰ (Abb. 56—58) und bei der Wechselbadalterung (Abb. 59 und 60) weniger zum Ausdruck als bei der Alterung durch Anwärmen auf 120⁰ C (Abb. 61—67).

Der bei der Härtung glatte Hardenit zeigt sich in aufgerauhter Form, je länger die Anwärmzeit und je höher die Temperatur ist. Besonders bei den starken Vergrößerungen kommt dies gut zum Ausdruck. Die Wechselbadalterung unterscheidet sich im Gefügebild durch nichts von der Alterung durch konstantes Anwärmen. Dies ist ein weiterer Beweis für die durch andere Methoden festgestellte Erscheinung. Der Vergleich der Abb. 65 und 66 zeigt, daß die Änderung des Stoffes nach ca. 74 Stunden (Abb. 65) beendigt ist. Die Betrachtung der Dichte- und Längenänderung hat ein gleichlautendes Ergebnis gezeigt.

Die Alterungsversuche beim Anwärmen auf 150° C wurden mit den Materialien 5, 3 und 1 durchgeführt. Bevor näher darauf eingegangen wird, soll noch der gehärtete Zustand der Materialien 5 und 1 besprochen werden. Der Werkzeugstahl 5 wurde bei 785° C in Wasser gehärtet. Nach dem Zustandsdiagramm von Roozeboom kann man auf das Vorhandensein von Karbidkristallen neben fester Lösung von Eisen und Eisenkarbid schließen. Das Gefügebild nach Abb. 68 zeigt geringe Karbidausscheidungen a, die insbesondere bei der starken Vergrößerung nach Abb. 69 gut zu erkennen sind, in einer Grundmasse von Mischkristallen. Diese haben nadelförmigen Martensitcharakter b und sind deutlich in der Abb. 69 zu erkennen. Der dunkle Bestandteil ist nicht in Lösung gegangener Perlit c. Bei dem Material 1 zeigt das Gefügebild für den gehärteten Zustand nach Abb. 82 und 83 reichliche Karbidausscheidung a in einer karbidischen Grundmasse b. Die Karbidausscheidung ist infolge des reichlich vorhandenen Zementits hier besonders deutlich. Das Material 3 zeigt im gehärteten Zustand nach Abb. 76 ungelöste Perlitinseln a in einer besonders deutlichen Struktur aus Hardenit b. Im folgenden sei die Behandlung der Proben bei der Alterung zusammengefaßt angegeben. Die Besprechung der Gefügebilder soll in einer allgemeinen Betrachtung geschehen.

Abb. 70. Material 5. 1½ Stunden auf 150° C angewärmt.
„ 71.   „   5. dasselbe bei starker Vergrößerung.
„ 72.   „   5. 7½ Stunden auf 150° C angewärmt.
„ 73.   „   5. 40   „   „   „   „
„ 74.   „   5. 170   „   „   „   „
„ 75.   „   5. dasselbe bei starker Vergrößerung.
„ 77.   „   3.   2 Stunden auf 150° C angewärmt.
„ 78.   „   3. 12   „   „   „   „
„ 79.   „   3. 50   „   „   „   „
„ 80.   „   3. 170   „   „   „   „
„ 81.   „   3. dasselbe bei starker Vergrößerung.
„ 82. und 83 ist oben besprochen.
„ 84. Material 1. 10 Min. auf 150° C angewärmt.
„ 85.   „   1. dasselbe bei starker Vergrößerung.
„ 86.   „   1.   2 Stunden auf 150° C angewärmt.
„ 87.   „   1. 10   „   „   „   „

Abb. 88. Material 1. 50 Stunden auf 150⁰ C angewärmt.
„   89.   „   1. 150   „   „   „   „
„   90.   „   1. dasselbe bei starker Vergrößerung.

Die Gefügeumwandlung kommt bei dieser Versuchsserie ganz eindeutig zum Ausdruck. Vergleicht man die Abb. 69 und 71, dann läßt sich sehr schön das Abschmelzen der scharfkantigen Martensitkristalle *b* erkennen. Die Zermürbung der festen Lösung ist in den Abb. 75 und 81 ausgezeichnet dargestellt. Meines Wissens ist es das erste Mal, daß die Umwandlung der festen Lösung in den troostitischen Zustand so deutlich dargestellt ist. Auf Grund dieser Bilder wird man unwillkürlich an eine Verwitterung erinnert, wie sie beim Zerfall von Kristallen auftritt, andererseits an ein Abschmelzen von Kristallen in ihrer Mutterlauge. Die zunächst scharf umrissenen Perlitinseln *a* der Abb. 76 und 77 verschwinden allmählich, bis sie beim troostitähnlichen Zustand nach Abb. 80 kaum mehr zu erkennen sind. Nur in der starken Vergrößerung, Abb. 81 kommen sie noch deutlich zum Vorschein. Beim Material 1 tritt zunächst eine Strukturverfeinerung der karbidischen Grundmasse *b* ein nach Abb. 85 und 87. Dadurch scheint die vorübergehende Vergrößerung des spezifischen Leitwiderstandes nach Abb. 28 hervorgerufen zu sein. Im weiteren Verlauf der Alterung ist eine starke Karbidausscheidung *a* durch Vergrößerung der Karbidkörner und Anreicherung der Grundmasse nach Abb. 89 und 90 zu erkennen. Während also bei den übrigen Materialien in der Hauptsache der Zerfall der festen Lösung für die Gefügeumwandlung in Betracht kommt, ist hier die Karbidausscheidung für die Gefügeänderungen beim Altern verantwortlich zu machen.

Schließlich sollten noch einige im Hauptteil der Arbeit behandelte Probekörper in ihrem inneren Aufbau untersucht werden, was einer gegenseitigen Kontrolle der gefundenen Versuchswerte gleichkommt. Die Untersuchung des Probekörpers 4c, bei dem durch die Alterung 80 % der Dichteänderung beim Härten rückgängig gemacht wurden, war naheliegend. Aus der Abb. 91 ist jedoch überraschenderweise keine deutlich erkennbare Gefügeänderung zu bemerken. Das Aussehen des Gefügebildes deckt sich mit den in der vorausgehenden Versuchsserie für die Alterung bei 100⁰ C gefundenen Strukturen. Es ist auch keine Überhitzung des Probekörpers beim Härten zu konstatieren, sonst dürften nicht Reste von Perlit zu sehen sein. Der Rückschluß aus dem Gefügebilde nach der 500stündigen Alterung bei 100⁰ auf das Verhalten des Probekörpers beim Altern hinsichtlich seiner ausgeführten Dichteänderungen ist ein schlagender Beweis, daß die Alterung neben einer Gefügeumwandlung auf einer Beseitigung der Härtespannungen beruht.

Es war nun interessant, zu erfahren, was bei einer Steigerung der

Alterungstemperatur im Innern des Probekörpers vor sich geht. Der Probekörper wurde nach der 500 stündigen Behandlung bei 100° nochmals insgesamt 100 Stunden auf 120° C angewärmt. Abb. 92 zeigt das Gefüge nach 20 Stunden, Abb. 93 nach 100 Stunden und Abb. 93 dasselbe bei starker Vergrößerung. Es tritt diesmal ein ganz eigenartiger Zerfall der festen Lösung ein. Das Gefüge gleicht sehr dem martensitischen Zustand. Der Vergleich der Abb. 91 und 92 zeigt sehr schön die Identität derselben Stelle im Querschnitt. Interessant ist auch die zeilenartige Auflösung des Hardenits nach Abb. 92 und 93. Es soll in der folgenden Zahlenfafel 41 die Änderung der Dichte und der Länge betrachtet werden.

Zahlentafel 41. Änderung der Dichte und Länge bei weiterer Alterung durch Anwärmen auf 120° C.

Zeitenfolge	Dichte	in %	Länge	in %
nach 500 Stunden bei 100°	7,8735	—	99,956	—
nach 10 Monaten	7,8737	$+ 0,003$	99,956	$—0,000$
justiert	—	—	$99,775_6$	—
nach 20 Stunden bei 120°	7,8742	$+ 0,010$	99,774	$—0,001_6$
nach 100 Stunden bei 120°	7,8729	$—0,008$	99,776	$+ 0,000_4$

Der Körper ist demnach durch das 10monatige Liegen vollkommen gleich geblieben, die Alterung war durch die Behandlung eingetreten. Die geringe Dichteänderung kommt nicht in Betracht, da sie innerhalb der Meßgenauigkeit liegt. Durch die Behandlung bei 120° ist eine beträchtliche Gefügeveränderung eingetreten, der jedoch nur eine geringe Änderung der Dichte und der Länge entspricht. Die während der 20stündigen Alterung bei 120° eingetretene Gefügeveränderung war noch begleitet von der Beseitigung der letzten restlichen Spannungen. In den folgenden 80 Stunden vollzog sich eine reine, jedoch beträchtliche Gefügeumwandlung. Dieser Vorgang brachte eine Verkleinerung der Dichte. Auf Grund dieses Versuches müssen die Spannungen für die Dichtevergrößerungen verantwortlich gemacht werden, während bei den Dichteverringerungen Gefügeveränderungen beobachtet wurden. Da letztere im Verhältnis zu ersteren klein sind, besteht der Alterungsprozeß in der Hauptsache aus der Entspannung des Materials. Er setzt sich aus 2 Komponenten zusammen, dem positiv wirkenden Spannungsausgleich und dem negativen Anteil der Gefügeveränderungen, wenn man die Veränderung der Dichte ins Auge faßt. Die Resultierende aus beiden ist infolge Überwiegens der Spannungen eine Dichtevermehrung.

Die weiteren Abbildungen:

Abb. 95. Material 3. 500 Stunden bei 110° angewärmt.

„ 96.   „   5. 500 Stunden bei 110° angewärmt.

„ 97.   „   3. dasselbe bei starker Vergrößerung, $v = 2500$.

Abb. 98. Material 4. 500 Stunden bei 120° angewärmt.
„ 99. „ 3. 500 „ bei „ „

bestätigen das bis jetzt Gefundene. Geringe Lockerung der festen Lösung und geringe Ausscheidung von Karbid sind die Symptome der Gefügeumwandlung beim Altern.

Um den Einfluß des Tauchens in flüssige Luft zu prüfen, wurde je eine Probe der Materialien 3, 4 und 5 nach dem Härten und nach dem Tauchen in flüssige Luft im Bilde festgehalten. Es bedeutet:

Abb. 100. Material 5. gehärtet
„ 101. „ 3. „
„ 102. „ 4. „
„ 103. „ 5. 10 mal in flüssige Luft getaucht
„ 104. „ 3. „ „ „ „ „
„ 105. „ 4. „ „ „ „ „

Durch den Vergleich der beiden Stadien läßt sich keine Änderung des Gefüges feststellen.

IV. Deutung der Versuche.

Es handelt sich bei der Betrachtung der Anlaßvorgänge, auf die nun die Alterungsstudien zurückgeführt werden konnten, um durchwegs sehr verwickelte Prozesse. Wie eingangs richtig vermutet, besteht die Gesamterscheinung der Alterung aus einer Kombination von mechanischen Änderungen durch die sich auslösenden Spannungen und aus Lösungserscheinungen, die durch Zerfall des beim Härten sich bildenden unstabilen Stoffes eintreten. Es war nur dadurch, daß ein einwandfreies Erkennungszeichen für stoffliche Änderungen durch Messen des Leitwiderstandes angesetzt wurde, möglich, in das Wesen der Alterungsvorgänge einzudringen. Da das Verschwinden der Spannungen Dichtevergrößerung hervorruft, überlagern sich die dadurch erzeugten Dichteänderungen mit denjenigen der Lösungsänderungen, die nach derselben Richtung erfolgen, wenn es sich um Martensitzerfall, und entgegengesetzt, wenn es sich um Austenitzerfall handelt. Somit kann durch die Dichtemessung nicht mit Sicherheit jedes Element der Erscheinung getrennt studiert werden. Das gleiche gilt auch für die Längenmessung. Immerhin lassen die Erkenntnisse, welche die Messungen der das Volumen definierenden Größen liefern, wertvolle Schlüsse zu.

Die Spannungen entstehen durch die Verschiedenheit der Kühlwirkung zwischen Rand und Kern. Insbesondere bei den Kohlenstoffstählen, bei denen der Abstieg im Gefüge vom Rand zum Kern am größten ist, aber auch bei den Ölhärtern stellt sich eine Verzögerung der Kühlwirkung zwischen Rand und Kern ein, wenn auch die Kühlgeschwindigkeit nicht so groß zu sein braucht, um eine härtende Wirkung hervorzurufen. Immerhin hat auch hier die Randschicht beim Abschrecken bereits ihr größeres Volumen früher eingenommen, so daß dem Kern ein größeres Volumen zur Verfügung steht, als er eigentlich einnehmen möchte. Dies hat sich auch dadurch gezeigt, daß die Proben nach dem Härten auf der Stirnseite immer hohl waren. In der Randschicht werden Zugspannungen erzeugt, denen die Elastizität des Materials das Gleichgewicht halten muß. Sehr oft überschreiten die Spannungen die Elastizitätsgrenze, und es werden dann radial oder konzentrisch verlaufende Härterisse erzeugt, wie sie beim Härten an einigen Proben beobachtet werden konnten. Es ist naheliegend, daß beim Vorhandensein solcher Spannungen ein zeitlich bleibender Zustand nicht zu erwarten ist. Die Proben wurden unmittelbar nach dem Härten auf der Kupferscheibe zur Erzielung guter Längenmessungen eben justiert. Die Kontrolle mit dem Planglas bei den einzelnen Alterungsstadien stellte bei allen Stählen, am stärksten bei den Kohlenstoffstählen, eine mit der Alterung zunehmende, am Anfang stärker werdende Wölbung der vorher ebenen Flächen fest. Es war also eine Zusammenziehung der ganzen Länge durch die Optimetermessung und eine wenn auch geringe stärkere Wirkung am Rand zu bemerken. Dies kann nicht weiter verwundern, da die Spannungen durch das vorzeitige Erstarren am Rand am größten sein müssen.

Es ist nun auch begreiflich, daß der Einfluß der Alterungstemperatur nicht in allen Fällen klar zum Ausdruck kommt. Je nach Verteilung, Art und Größe der durch das Härten erzeugten Spannungen muß beim Altern ein mehr oder weniger starker Einfluß zu bemerken sein. Der Umstand, daß teils die Dichteänderungen bei niedriger Alterungstemperatur beträchtlich stärker waren, als bei höheren Temperaturen, gibt einen rohen Maßstab für die Menge dieser Spannungen. Es kann behauptet werden, daß sie teilweise in erster Linie für die Änderungen verantwortlich zu machen sind. Nur der Durchschnittswert aus einer Anzahl von Versuchsstücken konnte daher auch den Einfluß der Alterungstemperatur in eindeutiger Weise darstellen, wie es in dem Massenversuch geschehen ist. Die Verschiedenartigkeit der beim Härten gebildeten Wärmespannungen schaffen für die Praxis außerordentliche Schwierigkeiten. Würden nämlich die Härtespannungen einer gewissen Gesetzmäßigkeit unterliegen, dann könnte man durch das Bearbeitungsmaß den sich einstellenden Änderungen Rechnung tragen. Die Versuche zeigen jedoch klar, daß jedes Bemühen vergeblich ist. Man kann demnach den eingangs erwähnten Programmpunkten des Bureau of Standards, welche eine getrennte Untersuchung der Wärmespannungen und der Gefügeänderungen vorsehen, volles Verständnis entgegenbringen. Man versucht wohl, in der Praxis z. B. bei der Herstellung von Gewindebohrern, die beim Härten auftretende Vergrößerung der Gewindesteigung dadurch auszugleichen, daß man ein Gewinde aufschneidet, dessen Steigung um den Änderungsbetrag beim Härten kleiner ist. Doch ist dies nur ein grober Behelf, wenn man bedenkt, daß dies nach den vorliegenden Versuchsergebnissen nicht eine volle Befriedigung zeigen kann.

Die Erklärung der beim Altern auftretenden Lösungserscheinungen verlangt ein weiteres Ausholen auf das Verhalten der durch das Härten entstehenden Mischkristalle. Die Elemente dieser Mischkristalle können durch sämtliche Modifikationen, die der Stahl beim Härten und Anlassen eingeht, vertreten sein, wie das Schema

$$\text{Austenit} \rightarrow \text{Martensit} \rightarrow \text{Osmondit} \rightarrow \text{Perlit}$$

es darstellt.

Je nach den Härtebedingungen werden die Mischkristalle sich mehr oder weniger aus einem oder mehreren dieser Bestandteile zusammensetzen. Der Regelfall ist der, daß mehrere Modifikationen mitsamt ihren Zwischenstufen das Härtegefüge bilden, so zwar, daß einer dieser Bestandteile dem Gefüge das Gepräge gibt und daß die Zwischenstufen entsprechend ihrer Menge erst in zweiter Linie das Verhalten des gehärteten Stahles beeinflussen. Immerhin sind sie für die Deutung der physikalischen Erscheinungen heranzuziehen. Dank der vielen Untersuchungen ist heute das Verhalten der einzelnen Modifikationen bekannt. Maurer hat durch Abschrecken eines Stahles von $1{,}2\,^0/_0$ C aus 1100^0 C in Eiswasser reinen Austenit erhalten und ihn durch Tauchen in flüssige Luft in Martensit übergeführt. Er hat festgestellt, daß die Dichte des Martensits bedeutend kleiner ist, als die Dichte des Austenits, Osmondits und Perlits, und zwar ist die Dichteerniedrigung für untereutektoide und eutektoide Stähle im großen und ganzen dem Gehalt an gelöstem Kohlenstoff proportional. Dagegen üben Modifikationsänderungen Austenit-Martensit nach Benedicks nur einen sehr geringen Einfluß auf den elektrischen Widerstand aus. Maurer fand weiter, daß Zusätze von Mangan die Bildung des homogenen Austenits begünstigen. In den Stählen geringen Mangangehaltes wandelt sich der Austenit beim Anlassen zwischen 150 und 250^0 C in Troostit um. In dem Gemisch Austenit, Martensit beginnt der Martensit sich zuerst umzuwandeln, doch geht die Umwandlung langsamer vor sich. Die Kaltbearbeitung bewirkt die Bildung einer gewissen Menge γ-Eisen. Weiter geht aus den Versuchen hervor, daß zwischen Härtungskohle und Härte ein ursächlicher Zusammenhang nicht besteht. Die Abnahme der Härte beim Anlassen bleibt um $150\text{—}200^0$ C gegen diejenige des elektrischen Widerstandes zurück. Die Annahme einer Art Hysteresis liegt nicht vor, da durch Anlassen des Austenits der elektrische Widerstand sich gerade umgekehrt wie die Härte verhalten hat. Jener fällt sehr stark, während die Härte auf einen Maximalwert steigt.

Der Übergang von Martensit in Osmondit vollzieht sich allmählich unter Bildung von Troostit als markante Zwischenstufe bei etwa 300^0 C.

Übereinstimmend stellt sich bei allen Forschern das Anlassen wie folgt dar:

1. Periode: Bis 150⁰ C. Der elektrische Widerstand und damit die Härtungskohle nehmen rasch ab, ohne jedoch die Härte zu verändern. Die Dichte steigt wegen des Verschwindens der Spannungen.

2. Periode: Von 150—300⁰ C. Die Dichte fällt bis etwa 250⁰ und steigt dann wieder, nachdem das γ-Eisen ganz umgewandelt ist. Der elektrische Widerstand nimmt, da die Umwandlung der Härtungskohle in Karbid beinahe vollendet ist, fast seinen Normalwert an.

3. Periode: Von 300—450⁰ C. Die Dichte steigt, während die Härte rasch fällt. Es bildet sich der Osmondit, dessen physikalische Eigenschaften ihn zu einem ausgeprägten Gebilde in der Anlaßreihe machen. Es würde zu weit führen, auf alle Untersuchungen einzugehen, die die Dichte, Härte, Löslichkeit in Säuren, Leitwiderstand usw. behandeln, da der Osmondit bzw. dessen weitere Veränderung nicht mehr in den Rahmen der vorliegenden Erscheinungen fallen.

Die Anlaßvorgänge sind bisher mit Ausnahme der Arbeit von Fraenkel und Heymann immer unter dem Gesichtspunkt der Veränderung der Anlaßtemperatur bei kurzer Anlaßzeit behandelt worden. Wenn man die vorliegende Arbeit als Anlaßstudie behandelt, so sind hier die Verhältnisse umgekehrt, nämlich die Anlaßwärme wirkte bei konstanter Temperatur für lange Zeit auf den gehärteten Stahl ein. Es unterliegt keinem Zweifel, daß sich die gleiche Anlaßwirkung bei niederer Temperatur und längerer Anlaßzeit erreichen läßt, als bei einer entsprechend höheren Temperatur und kurzer Anlaßzeit. Ob jedoch die Wirkung dieselbe ist, kann nicht ohne weiteres behauptet werden.

Nachdem das Verhalten der Modifikationen genügend erläutert wurde, kann zur Deutung der Messungen übergegangen werden.

Die Dichteänderungen bei der natürlichen Alterung sind hervorgerufen durch die Entspannung des Materials. Nach 10 Tagen konnten bei den Proben, die vorher in flüssige Luft getaucht waren, wohl erhebliche Dichte- und Längenänderungen, aber keine Änderung des spezifischen Leitwiderstandes konstatiert werden. Durch das Tauchen in flüssige Luft wurde der Austenit in Martensit übergeführt, der also nach Ablauf mehrerer Tage sich nicht geändert hatte. Da aber die Zersetzung des Martensits vorerst einsetzt, so ist auch bei den für den Versuch „natürliche Alterung" angesetzten Proben sowohl der Martensit als auch der etwa anwesende Austenit keiner Änderung unterworfen gewesen. Es ist somit erwiesen, daß bei der Alterung die Spannungen als erstes beseitigt werden. Die Auswirkung der Entspannung in der Länge durch Verkürzung und in der Dichte durch teilweise Vergrößerung und teilweise Verkleinerung läßt darauf schließen, daß in der Längsrichtung immer Zugkräfte, in der Querrichtung aber auch zum Teil Druckkräfte wirken. Bei dem übereutektischen Werkzeugstahl sind die zeitlichen Änderungen am größten, was aus der für diesen Stahl notwendigen Kühlgeschwindigkeit beim Härten und der unvollkommenen Durchhärtung nicht anders zu erwarten ist.

Es wäre falsch, bei der künstlichen Alterung nur das anstreben zu wollen, was bei der natürlichen Alterung beobachtet wurde. Würde man bei ersterer lediglich die Erscheinungen der natürlichen Alterung in Anwendung bringen, dann müßte man sich mit der Beseitigung der Spannungen begnügen. Die künstliche Alterung muß jedoch so durchgeführt sein, daß das Material gegenüber technisch vorkommenden Erwärmungen, wie Auskochen, Erhitzen beim Schleifen oder sonstigen Arbeitsgängen, unempfindlich ist. Hierfür kommt mindestens die Temperatur des kochenden Wassers in Betracht. Andererseits darf die gewählte Alterungstemperatur auch nicht zu hoch sein, um nicht ein unzulässiges Erweichen des Stahles herbeizuführen. Für diese Bedingung dürfte 150^0 C als Maximaltemperatur angesprochen werden. Die Versuche zeigen, daß die Wahl der unter diesen Gesichtspunkten angesetzten Alterungstemperaturen zwischen 100 und 150^0 C eine recht glückliche war. Es mußten demnach die in diesem Temperaturbereich einsetzenden Lösungserscheinungen in Kauf genommen werden. Maurer hat jedoch gezeigt, daß Härtungskohle und Härte in keinem Zusammenhang stehen, daß also die Reaktionen der Härtungskohle das Ergebnis einer möglichst hohen bleibenden Härte nicht beeinflussen. Aus dem Verhalten des Leitwiderstandes bei den Alterungsversuchen lassen sich insofern keine einheitlichen Schlüsse ziehen, weil die Ergebnisse einen durchaus verschiedenen Ablauf zeigen. Allgemein gültig ist, daß der Leitwiderstand im ersten Moment immer kleiner wird. Dann nimmt er aber zum Teil wieder zu, nimmt im weiteren Verlauf wieder ab und schließlich wieder zu. Manche Proben zeigen allerdings eine am Anfang stärkere und weiterhin schwächere aber stetige Abnahme. Zuweilen scheint es, als ob ein gleichbleibender Zustand erreicht worden wäre, zum Teil jedoch ist der Endpunkt der Reaktion nicht eingetreten. Der Einfluß der Temperatur kommt nicht eindeutig zum Ausdruck. Außer dem Kohlenstoff üben die anderen Legierungsbestandteile keinen Einfluß auf den Widerstand aus, da sie sowohl im gehärteten als auch im angelassenen Stahl in demselben Zustand vorliegen. Die Ansichten über den Zustand des Kohlenstoffes im gehärteten und angelassenen Stahl gehen noch recht weit auseinander. Heyn und Bauer fanden, daß beim Lösen von Osmondit in Schwefelsäure kein Fe_3C, sondern elementarer Kohlenstoff entsteht, betrachten jedoch den Osmondit als ein metastabiles Karbid $Fe\,C_n$, das sich beim Lösen in elementaren Kohlenstoff und Zementit spaltet. Zu der gleichen Anschauung gelangten auch andere Forscher. Neuere Untersuchungen von Fraenkel und Heymann ergaben, daß der Kohlenstoff im Martensit in elementarer Form vorliegt. Die Reaktion beim Anlassen würde sich demnach so gestalten, daß sich der Kohlenstoff polymerisiert und mit dem Lösungsmittel Eisen metastabile Karbide eingehen. Nach den vorliegenden Versuchen ist anzunehmen, das der in Martensit befindliche elementare Kohlenstoff stark unbeständig ist, daß er bereits bei geringer Erwärmung eine große Reaktionsgeschwindigkeit zu Eisen besitzt, unter Bildung von Karbiden (Abnahme des Leitwiderstandes). Falls die Karbide jedoch zu starke Anreicherungen von Kohlenstoff enthalten, scheidet sich der Kohlenstoff in elementarer Form wieder aus (Zunahme des Leitwiderstandes), um neuerdings wieder Karbide, jedoch in beständigerer Form zu bilden (Abnahme des Leitwiderstandes). Diese Lösungserscheinungen führen schließlich zu einer Form des Karbides, das im Temperaturbereich von 120—130° unveränderlich bleibt. Polymerisiert sich der Kohlenstoff von vornherein in niedrigerer Potenz, dann fällt die Wiederausscheidung von elementarem Kohlenstoff weg und es tritt im weiteren Verlauf der Anlaßreaktion lediglich eine Anreicherung von Karbiden ein, so daß der Leitwiderstand ständig abnimmt. Auf diese Weise läßt sich das Verhalten des Leitwiderstandes beim Altern erklären. Die Ausscheidungen von Kohlenstoff unter Bildung von Karbiden sind bei niedrigerer Temperatur (100—120°) ultramikroskopisch, während bei den unter- und eutektischen Stählen bereits nach 10 Stunden bei 150° ein Zerfall eintritt, der zur Bildung von Troostit führt. Diese Erscheinungen, sowie die deutliche Ausscheidung von Karbiden beim Stahl mit 2,1 % C wurden im Teil über metallographische Untersuchungen gezeigt.

Die Dichteerscheinungen zeigen die Entspannung des Stahles, ferner die Veränderung des Austenits und Martensits. Entspannung und Verwandlung der Härtungkohle in Karbid rufen Dichtevermehrungen, der Übergang von Austenit in Martensit, sowie Ausscheidungen von elementarem Kohlenstoff dagegen Dichteerniedrigungen hervor. Nach Maurer geht der homogene Austenit erst bei ca. 400°, der Austenit von Stählen geringen Mangangehaltes zwischen 150 und 250° C in Martensit über. Hier handelt es sich wohl nicht um homogenen Austenit, jedoch ist Austenit, wenn auch in sehr geringem Maße, durch das Härten entstanden. Dieser geringe Anteil von Austenit geht bereits schon bei 100—120° C bei entsprechend langer Dauer der Reaktion in Martensit über. Das Tauchen einer 500 Stunden bei 120° C gealterten Probe in flüssige Luft hat keinerlei Veränderung der Dichte und Länge gezeigt. Demnach war kein Austenit mehr vorhanden, sondern er war bereits bei der Anlaßreaktion in Martensit übergegangen. Das wechselnde Tauchen in siedendes und kaltes Wasser übt einen guten Einfluß auf die Entspannung des Materials aus, und zwar ist hier eine intensivere Wirkung zu bemerken, als bei der konstanten Temperaturwirkung. Die

Veränderung der Härtungskohle dürfte in demselben Maße einsetzen, wie beim konstanten Anwärmen auf 100^0 C. Falls es sich beim Altern nur um eine reine Lösungserscheinung handeln würde, müßte der Einfluß der Alterungstemperatur erkennbar sein. Das verschiedene Maß der im gehärteten Stahl enthaltenen Spannungen macht jedoch eine solche Erkenntnis unmöglich. Das zeitweise Abnehmen der Dichte ist eine reine Lösungserscheinung, indem sich entweder elementarer Kohlenstoff ausscheidet, oder Austenit in Martensit übergeht. Tritt bei einer solchen Dichteänderung gleichzeitig eine Änderung des spezifischen Leitwiderstandes ein, so handelt es sich um eine Veränderung der Härtungskohle. Die hierauf folgende Dichtevermehrung ist auf Bildung von Karbid in stabilerer Form (wahrscheinlich mit Kohlenstoffgehalt in niedrigerer Potenz) zurückzuführen. Daraus erklärt sich auch das allmähliche Abklingen dieser wechselnden Reaktion, indem im späteren Verlauf die Menge des unstabilen Karbides immer kleiner wird, bis schließlich ein Gebilde entstanden ist, das bei der betreffenden Alterungstemperatur (z. B. 120^0) keiner wesentlichen Änderung mehr unterworfen ist. Alle physikalischen Betrachtungen deuten darauf hin, daß im Temperaturbereich von 100—130^0 die Existenz eines stabilen Karbides gegeben ist, das erst bei einer Steigerung der Temperatur der weiteren Zerfallsreaktion unterworfen ist. Nach den gemachten Erfahrungen ist der Ablauf der zur stabilen Form führenden Reaktion am schnellsten bei 120—130^0 C gegeben. Während im Temperaturbereich bis 120^0 der Martensit in beinahe strukturloser Form oder höchstens in große Kristalle zerfallen vorliegt, beginnt bei 150^0 C bereits nach ca. 10 Stunden ein mit der Zeit fortschreitender vollkommener Zerfall, bis schließlich der troostitische Zustand erreicht ist. Diese Lockerung des Gefüges ist verbunden mit einer Dichteabnahme, wie sie aus den Alterungsversuchen bei 150^0 C deutlich hervortritt. Bei den beiden hochprozentigen Kohlenstoffstählen konnte ein derartiges Abnehmen der Dichte bei 150^0 C nicht konstatiert werden. Die Erklärung kann nur darin gesucht werden, daß die Bildung des stabilen Karbides infolge der großen Menge umzuwandelnder Härtungskohle längere Zeit beansprucht, als bei den Stählen mit geringerem Kohlenstoffgehalt.

Zusammenfassung.

Die Ergebnisse der Alterungsversuche lassen sich wie folgt zusammenfassen:

1. Die natürliche Alterung äußert sich sowohl in Dichtezunahmen als auch Dichteabnahmen; dagegen konnte in allen Fällen eine Abnahme der Länge konstatiert werden. Die Volumenänderungen sind durch Verschwinden von Spannungen bewirkt.

2. Die künstliche Alterung besteht außer in der Beseitigung dieser Spannungen noch in einer Stoffänderung.

3. Die Stoffänderung muß, da technische Arbeitsgänge eine Erwärmung mit sich bringen, in Kauf genommen werden. Die künstliche Alterung muß einer nachträglichen Änderung infolge solcher Arbeitsgänge vorbeugen.

4. Die Gefügeveränderung ist durch die Reaktion der Härtungskohle mit Eisen bedingt. Diese Reaktion tritt bereits bei 100° C in starkem Maße ein.

5. Die Bildung von unstabilen Eisenkarbiden mit hohen Kohlenstoffgehalten und deren Zerfall in freien Kohlenstoff und stabilere Eisenkarbide mit weniger Kohlenstoffgehalt ist durch das physikalische Verhalten nachgewiesen.

6. Zerfall der Eisenkarbide und neueinsetzende Reaktion des freiwerdenden Kohlenstoffs wiederholen sich zum Teil, klingen jedoch mehr und mehr im Laufe der Alterung ab, und führen zur Bildung von Karbiden, die bei Alterungstemperaturen bis 130° ziemlich unveränderlich bleiben.

7. Bei Alterungstemperaturen bis 130° konnte nach ca. 200 Stunden eine Unveränderlichkeit der Dichte, Länge und des elektrischen Widerstandes festgestellt werden.

8. Bei 150° C setzt bereits nach ca. 10 Stunden der Übergang in Troostit ein.

9. Das wechselnde Tauchen in siedendes und kaltes Wasser scheint für die Beseitigung der Härtespannungen günstiger als die konstante Temperaturwirkung bei 100° C zu sein.

10. Im übrigen ist es in seiner Auswirkung identisch mit einer Alterung durch konstante Temperaturwirkung. Das Abschrecken in kaltem Wasser bedeutet lediglich eine Verzögerung des Prozesses.

11. Durch Tauchen in flüssige Luft wird der Austenit unter Volumenzunahme in Martensit verwandelt. Das Verfahren ist keine Alterungsmethode.

12. Ebenso wird der Austenit bereits bei 120° C und entsprechend langer Anlaßzeit in Martensit übergeführt.

13. Stähle mit hohem Chromgehalt erlauben die Steigerung der Alterungstemperatur auf 150° C.

14. Ein Massenversuch läßt den sich steigernden Einfluß der Alterungstemperatur erkennen.

15. Die Reaktionen der Härtungskohle sind im Bereich von 100 und 110° C ultramikroskopisch. Bei 120° C tritt nach längerer Zeit eine Aufrauhung des Martensits ein, während bei 150° C der allmähliche Zerfall des Martensits unter Bildung von Troostit nachgewiesen werden konnte.

Schluß.

Durch die vorliegende Arbeit wurde die Frage der zweckmäßigsten Alterungsmethode einwandfrei geklärt. Es hat sich gezeigt, daß die Alterung durch Wechselbad eine dem Gefühl entsprungene irrtümliche Vorstellung ist und daß sie den Alterungsprozeß lediglich verzögert. Der Arbeitsgang „Altern" wird auf eine einfachere Form zurückgeführt und entspricht hinsichtlich des Aufwandes dem obersten Grundsatz für rationelle Fertigung. Eine brennende Frage für die Entwicklung von Qualitätsarbeit im Lehren- und Maschinenbau ist gelöst. Ihre Durchführung sollte ebenso gewissenhaft gehandhabt werden, wie jeder andere mechanische Arbeitsgang. Die Aufstellung eines selbstregistrierenden Alterungsofens ist ebenso wichtig, wie die Anschaffung einer Drehbank oder Schleifmaschine.

Um Vorurteilen gegen die Alterung bei ihrer Anwendung vorzubeugen, muß zum Schluß noch auf eine wichtige Betriebserfahrung aufmerksam gemacht werden. Wie im Kapitel „Die Bedeutung der Alterung in der Massenfertigung" nachgewiesen, muß bei der Alterung ein Härteverlust von 6% in Kauf genommen werden. Wenn man bei den handelsüblichen Stählen eine Ausgangshärte von 650 Brinell voraussetzt, so besitzt dieser Stahl infolge des 6 proz. Härteverlustes nur mehr eine Brinellhärte von 611. Dies ist jedoch eine Härte, die durch eine Feile (es ist dies wohl nicht das richtige, jedoch das technisch gebräuchlichste Verfahren, welches, vom Fachmann angewendet, gute Vergleichswerte gibt) angerissen werden kann, was demnach nicht den technischen Anforderungen einer vollkommenen Härte entspricht. Die Ritzbarkeit durch die Feile beginnt bei 620 Brinell. Um diesen Nachteil auszugleichen, bleibt nichts anderes übrig, als die Ausgangshärte etwas höher zu legen und es wäre hierbei eine Brinellhärte von 680 anzustreben.

Weiterhin hat der Verfasser die Erfahrung gemacht, daß die von den Stahlwerken angegebenen Härtetemperaturen im allgemeinen zu niedrig sind, was er durch die Absicht begründet, den Stahl durch das Härten an der unteren Grenze vor starkem Verziehen zu schützen. Diese Absicht kann wohl durch Härtetemperaturen, die noch an der untersten zulässigen Grenze liegen, verwirklicht werden, führt jedoch sicher zu einem Erweichen des Stahles beim nachfolgenden Altern, so daß der Verfasser bisher immer gezwungen war, die noch zulässige höchste Härtetemperatur zu untersuchen, bei welcher eine Überhitzung des Stahles noch nicht eintritt. Sie liegt etwa bei 860^0 C, wenn das Stahlwerk für den vorliegenden Chromstahl eine Härtetemperatur von $820\!-\!830^0$ angibt. Diese Angabe führt unbedingt beim Stahlabnehmer zu Schwierigkeiten, wenn er den Stahl der nicht zu umgehenden Alterung unterwirft und es wird dann die Ursache meist an falscher Stelle gesucht. nämlich es wird vermutet, daß die Alterung die Ursache für das Erweichen des Stahles ist. Hingegen ist der wirkliche Grund die angewandte niedrige Härtetemperatur. Es läßt sich immer nachweisen, daß das nachteilige Erweichen beim Eingehen einer höheren Härtetemperatur ausgeschaltet werden kann.

Der Arbeitsgang Altern hat technisch noch eine große Bedeutung insofern, als er ein Mittel darstellt, um die Härterei zu kontrollieren. Tritt ein Erweichen des Stahles beim Altern ein, so ist mit Sicherheit darauf zu schließen, daß der Stahl zu niedrig gehärtet wurde und es läßt sich in den allermeisten Fällen der Stahl ohne Schwierigkeiten und ohne ihn der Gefahr der Zerstörung auszusetzen, nochmals nachhärten.

Es muß dies eigens betont werden, da sonst leicht eine irreführende Vorstellung über das Altern eintritt. Bei richtiger Behandlung der Schwierigkeit stellt das Altern jedoch ein willkommenes Mittel dar, um die richtige Härtebehandlung bzw. die Zuverlässigkeit der Härteeinrichtungen zu kontrollieren.

Jeder Betriebsleiter sollte seine Operationspläne daraufhin kontrollieren lassen, ob der Arbeitsgang „Altern" in genügender Weise gewürdigt ist. Der kurze Vermerk „200 Stunden Altern bei 120^0 C" bei den Werkzeug- und Lehrenstählen und „500 Stunden Altern bei 150^0 C" bei Stählen mit sehr hohem Chromgehalt schafft viele Unannehmlichkeiten bei der Arbeit aus dem Weg und liefert Fertigfabrikate, die gegenüber zeitlichen Nachwirkungen geschützt sind. Ich möchte nicht vergessen, Herrn Professor Dr. K. T. Fischer für die Anregung der Arbeit, für die vielen, bei der Durchführung der Arbeit gegebenen wertvollen Ratschläge und für die Vermittlung der Versuchsanordnungen, sowie Herrn Kommerzienrat Deckel zu danken, der mir seine Betriebseinrichtungen und das für die Arbeit verwendete Material in liebenswürdiger Weise zur Verfügung stellte. Auch das bayerische Landesamt für Maß und Gewicht hat die Arbeit jederzeit nach Möglichkeit unterstützt. Zuschüsse des Bundes der Freunde der Technischen Hochschule München haben die Beschaffung des selbstregelnden Ofens ermöglicht.

Literaturverzeichnis.

1. **Maurer**: Untersuchungen über das Härten und Anlassen von Eisen und Stahl. Metallurgie 1909, S. 33.

2. **Schulz**: Über die Volumen- und Formänderungen des Stahles beim Härten. Forsch.-Arb. Ing., 1914. H.164. Zeitschrift des Vereins deutscher Ingenieure 1915, S. 66 u. 112.

3. **Leman** und **Werner**: Längenänderungen an gehärtetem Stahl. Mechanikerzeitung 1919, S. 167. Werkstattstechnik 1911, Heft 8.

4. **Berndt-Schulz**: Grundlagen und Geräte technischer Längenmessungen. Berlin: Julius Springer 1921.

5. **Bureau of Standards**: Programm für die Erforschung des am besten für Lehren geeigneten Stahles. Am. Mach. (Europ. Ed.) Bd. 57, 1922; Chem. Metallurg. Engg. Bd. 27, S. 754, 1922).

6. **Hanemann**: Das Gefüge des gehärteten Stahles. Stahleisen 32 (1912), S. 1397/1404.

7. **Brayshaw**: Die Verhinderung von Härterissen in Werkzeugstahl. Sammlung technischer Forschungsergebnisse Bd. 11. 1922.

8. **Fraenkel** und **Heymann**: Zur Kinetik der Anlaßvorgänge im Stahl. Zeitschrift für anorganische und allgemeine Chemie 1924, Heft 2 und 3.

Die Edelstähle. Ihre metallurgischen Grundlagen. Von Dr.-Ing.
F. Rapatz, Leiter der Versuchsanstalt im Stahlwerk Düsseldorf, Gebr. Böhler
& Co., A.-G. Mit 93 Abbildungen. VI, 219 Seiten. 1926.

Gebunden RM 12.—

Die Einsatzhärtung von Eisen und Stahl. Berechtigte deutsche Bearbeitung der Schrift "The Case Hardening of Steel" von **Harry
Brearley,** Sheffield. Von Dr.-Ing. **Rudolf Schäfer.** Mit 124 Textabbildungen. VIII, 250 Seiten. 1926. Gebunden RM 19.50

Blöcke und Kokillen. Von **A. W.** und **H. Brearly.** Deutsche Bearbeitung von Dr.-Ing. **F. Rapatz.** Mit 64 Textabbildungen.

Erscheint im Juni 1926.

Die Konstruktionsstähle und ihre Wärmebehandlung.
Von Dr.-Ing. **Rudolf Schäfer.** Mit 205 Textabbildungen und 1 Tafel.
VIII, 370 Seiten. 1923. Gebunden RM 15.—

Die Werkzeugstähle und ihre Wärmebehandlung.
Berechtigte deutsche Bearbeitung der Schrift „The heat treatment of tool
steel" von **Harry Brearley,** Sheffield. Von Dr.-Ing. **Rudolf Schäfer.**
Dritte, verbesserte Auflage. Mit 226 Textabbildungen. X, 324 Seiten.
1922. Gebunden RM 12.—

Probenahme und Analyse von Eisen und Stahl. Hand-
und Hilfsbuch für Eisenhütten-Laboratorien. Von Prof. Dipl.-Ing. **O. Bauer**
und Prof. Dipl.-Ing. **E. Deiß.** Zweite, vermehrte und verbesserte Auflage.
Mit 176 Abbildungen und 140 Tabellen im Text. VIII, 304 Seiten. 1922.

Gebunden RM 12.—

Das technische Eisen. Konstitution und Eigenschaften. Von Prof.
Dr.-Ing. **Paul Oberhoffer,** Aachen. Zweite, verbesserte und vermehrte
Auflage. Mit 610 Abbildungen im Text und 20 Tabellen. X, 598 Seiten.
1925. Gebunden RM 31.50

Härten und Vergüten. Von **Eugen Simon.** Erster Teil: Stahl
und sein Verhalten. Zweite, verbesserte Auflage. (7.—15. Tausend.)
Mit 63 Figuren und 6 Zahlentafeln. 64 Seiten. Zweiter Teil: Die Praxis
der Warmbehandlung. Zweite, verbesserte Auflage. (7.—15. Tausend.)
Mit 105 Figuren und 11 Zahlentafeln. (Bildet Heft 7 und 8 der „Werkstatt-
bücher". Herausgegeben von Eugen Simon.) 64 Seiten. 1923.

Jedes Heft RM 1.50

Die Formstoffe der Eisen- und Stahlgießerei. Ihr Wesen,
ihre Prüfung und Aufbereitung. Von **Carl Irresberger.** Mit 241 Textabbildungen. V, 245 Seiten. 1920. RM 10.—

Handbuch der Eisen- und Stahlgießerei. Unter Mitarbeit von zahlreichen Fachleuten herausgegeben von Dr.-Ing. **C. Geiger,** Düsseldorf. Zweite, erweiterte Auflage.

Erster Band: **Grundlagen.** Mit 278 Abbildungen im Text und auf 11 Tafeln. X, 661 Seiten. 1925. Gebunden RM 49.50

Zweiter Band: **Formerei.** Von **Carl Irresberger,** Gießereidirektor a. D. Mit etwa 800 Textabbildungen. Erscheint im Herbst 1926.

Moderne Metallkunde in Theorie und Praxis. Von Ober-Ing. **J. Czochralski.** Mit 298 Textabbildungen. XIII, 292 Seiten. 1924.

Gebunden RM 12.—

Die Edelmetalle. Eine Übersicht über ihre Gewinnung, Rückgewinnung und Scheidung. Von **Wilhelm Laatsch,** Hütteningenieur. Mit 53 Textabbildungen und 10 Tafeln. VI, 91 Seiten. 1925. RM 6.—; gebunden RM 7.50

Die Theorie der Eisen-Kohlenstoff-Legierungen. Studien über das Erstarrungs- und Umwandlungsschaubild nebst einem Anhang: **Kaltrecken und Glühen nach dem Kaltrecken.** Von **E. Heyn †,** weiland Direktor des Kaiser-Wilhelm-Instituts für Metallforschung. Herausgegeben von Prof. Dipl.-Ing. **E. Wetzel.** Mit 103 Textabbildungen und XVI Tafeln. VIII, 185 Seiten. 1924. Gebunden RM 12.—

Metallurgische Berechnungen. Praktische Anwendung thermochemischer Rechenweise für Zwecke der Feuerungskunde, der Metallurgie des Eisens und anderer Metalle. Von Prof. **Jos. W. Richards,** Lehigh-Universität. Autorisierte Übersetzung nach der zweiten Auflage von Prof. Dr. **B. Neumann,** Darmstadt und Dr.-Ing. **P. Brodal,** Christiania. XV, 599 Seiten. 1913. Unveränderter Neudruck. 1925. Gebunden RM 24.—

Handbuch der Materialienkunde für den Maschinenbau. Von Geh. Oberregierungsrat Prof. Dr.-Ing. **A. Martens,** Direktor des Materialprüfungsamts, Groß-Lichterfelde. In 2 Bänden.

Erster Band: **Materialprüfungswesen, Probiermaschinen und Meßinstrumente.** Zweite Auflage. In Vorbereitung.

Zweiter Teil: **Die technisch wichtigen Eigenschaften der Metalle und Legierungen.** Von Prof. **E. Heyn,** Direktor im Materialprüfungsamt, Groß-Lichterfelde. Hälfte A: Die wissenschaftlichen Grundlagen für das Studium der Metalle und Legierungen. Metallographie. Mit 489 Abbildungen im Text und 19 Tafeln. XXXII, 506 Seiten. 1912. Unveränderter Neudruck. 1926. Gebunden RM 42.—

Handbuch des Materialprüfungswesens für Maschinen- und Bauingenieure. Von Prof. Dipl.-Ing. **Otto Wawrziniok,** Dresden. Zweite, vermehrte und vollständig umgearbeitete Auflage. Mit 641 Textabbildungen. 720 Seiten. 1923. Gebunden RM 24.—

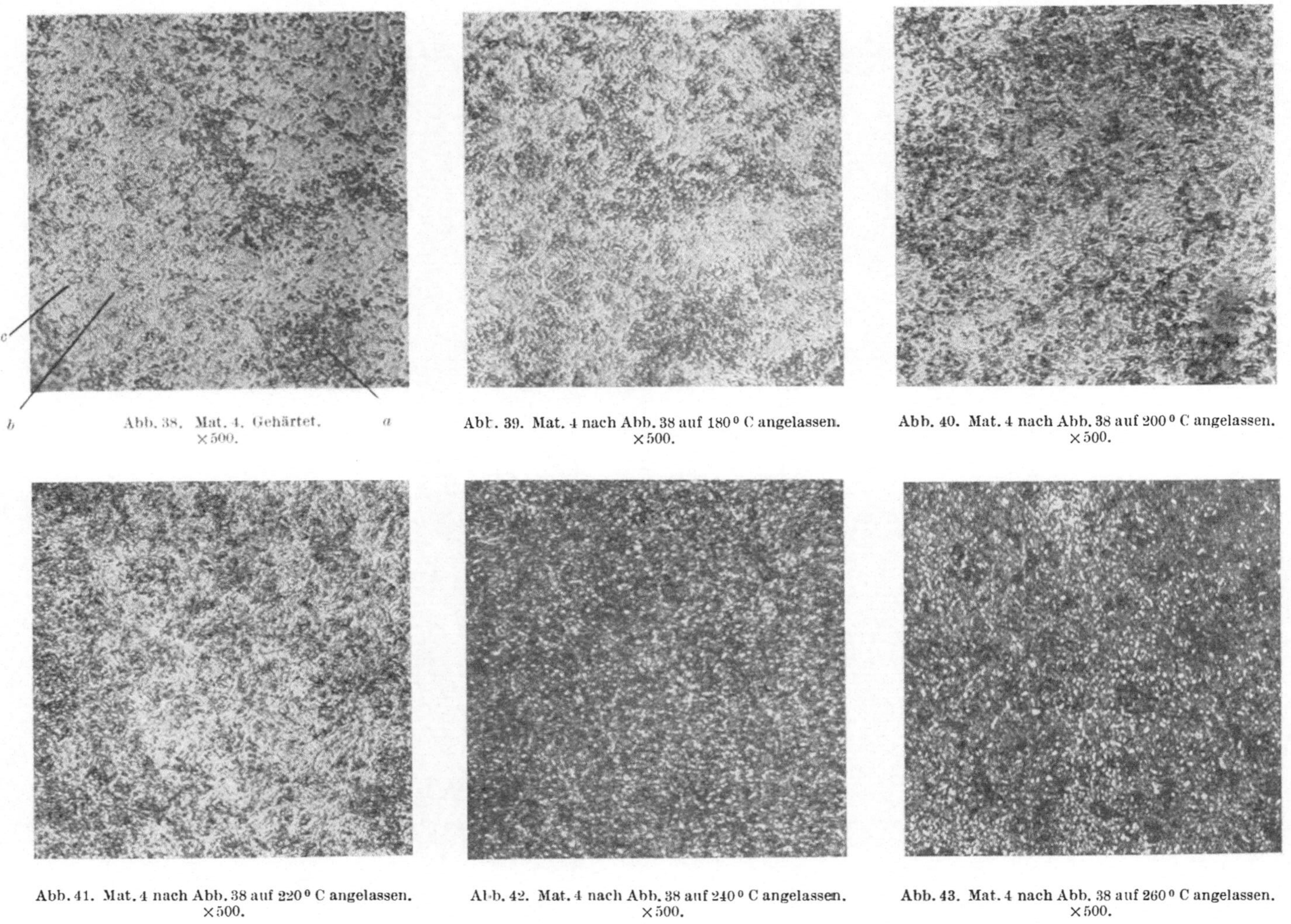

Abb. 38. Mat. 4. Gehärtet. ×500.

Abb. 39. Mat. 4 nach Abb. 38 auf 180° C angelassen. ×500.

Abb. 40. Mat. 4 nach Abb. 38 auf 200° C angelassen. ×500.

Abb. 41. Mat. 4 nach Abb. 38 auf 220° C angelassen. ×500.

Abb. 42. Mat. 4 nach Abb. 38 auf 240° C angelassen. ×500.

Abb. 43. Mat. 4 nach Abb. 38 auf 260° C angelassen. ×500.

Weber, Alterung.

Verlag von Julius Springer, Berlin.

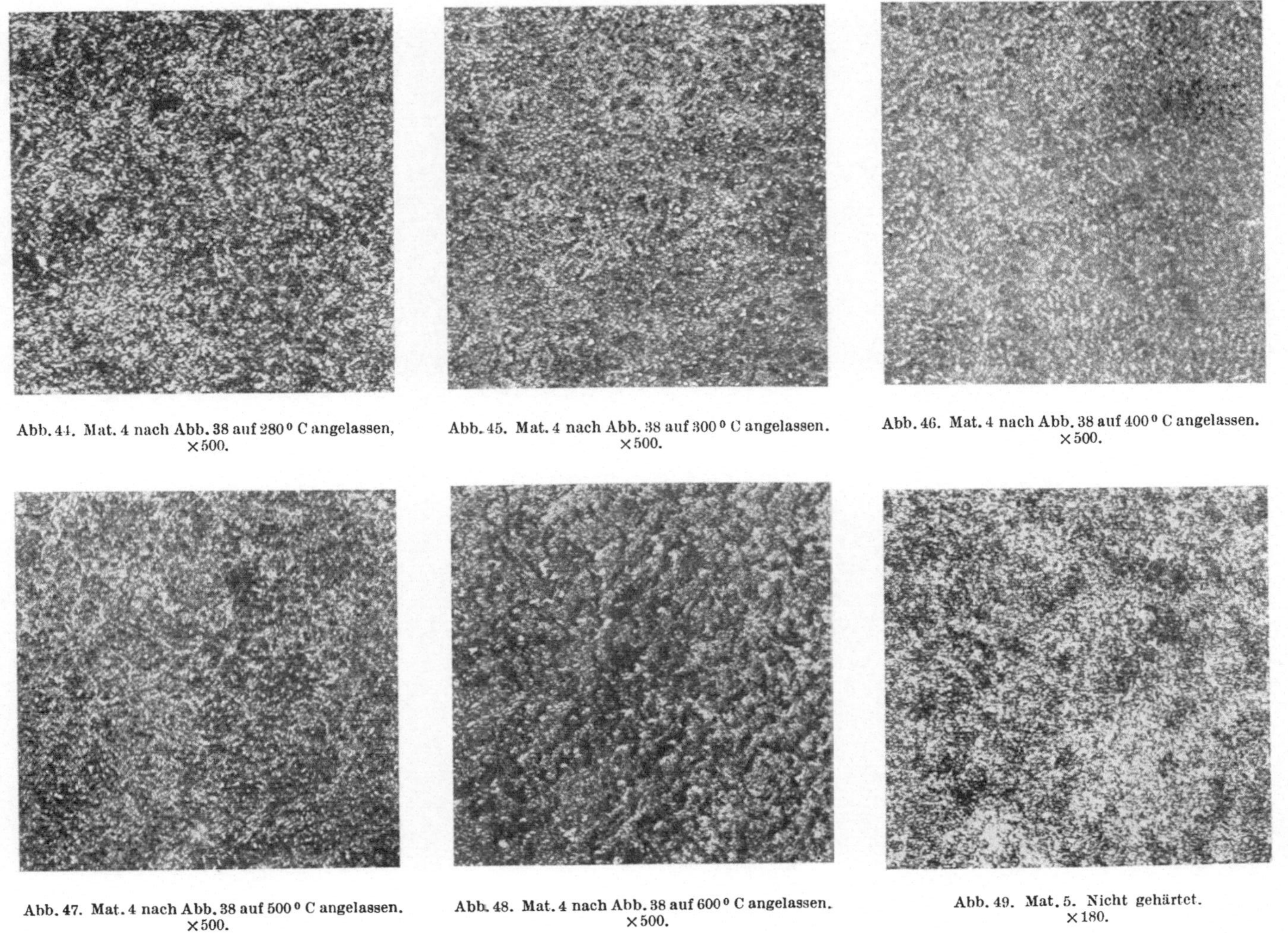

Abb. 44. Mat. 4 nach Abb. 38 auf 280° C angelassen. ×500.

Abb. 45. Mat. 4 nach Abb. 38 auf 300° C angelassen. ×500.

Abb. 46. Mat. 4 nach Abb. 38 auf 400° C angelassen. ×500.

Abb. 47. Mat. 4 nach Abb. 38 auf 500° C angelassen. ×500.

Abb. 48. Mat. 4 nach Abb. 38 auf 600° C angelassen. ×500.

Abb. 49. Mat. 5. Nicht gehärtet. ×180.

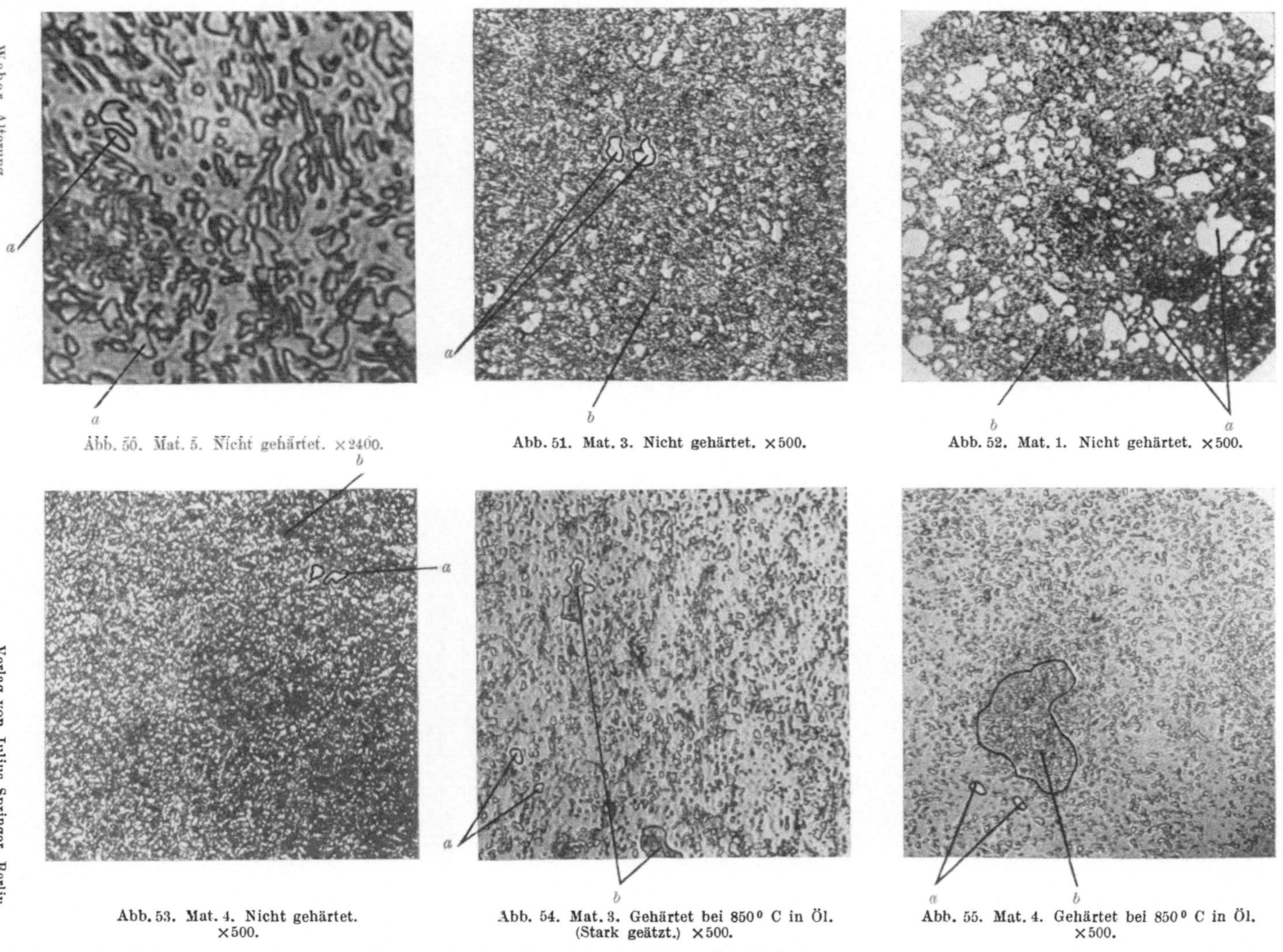

Verlag von Julius Springer, Berlin.

Abb. 50. Mat. 5. Nicht gehärtet. ×2400.

Abb. 51. Mat. 3. Nicht gehärtet. ×500.

Abb. 52. Mat. 1. Nicht gehärtet. ×500.

Abb. 53. Mat. 4. Nicht gehärtet. ×500.

Abb. 54. Mat. 3. Gehärtet bei 850° C in Öl. (Stark geätzt.) ×500.

Abb. 55. Mat. 4. Gehärtet bei 850° C in Öl. ×500.

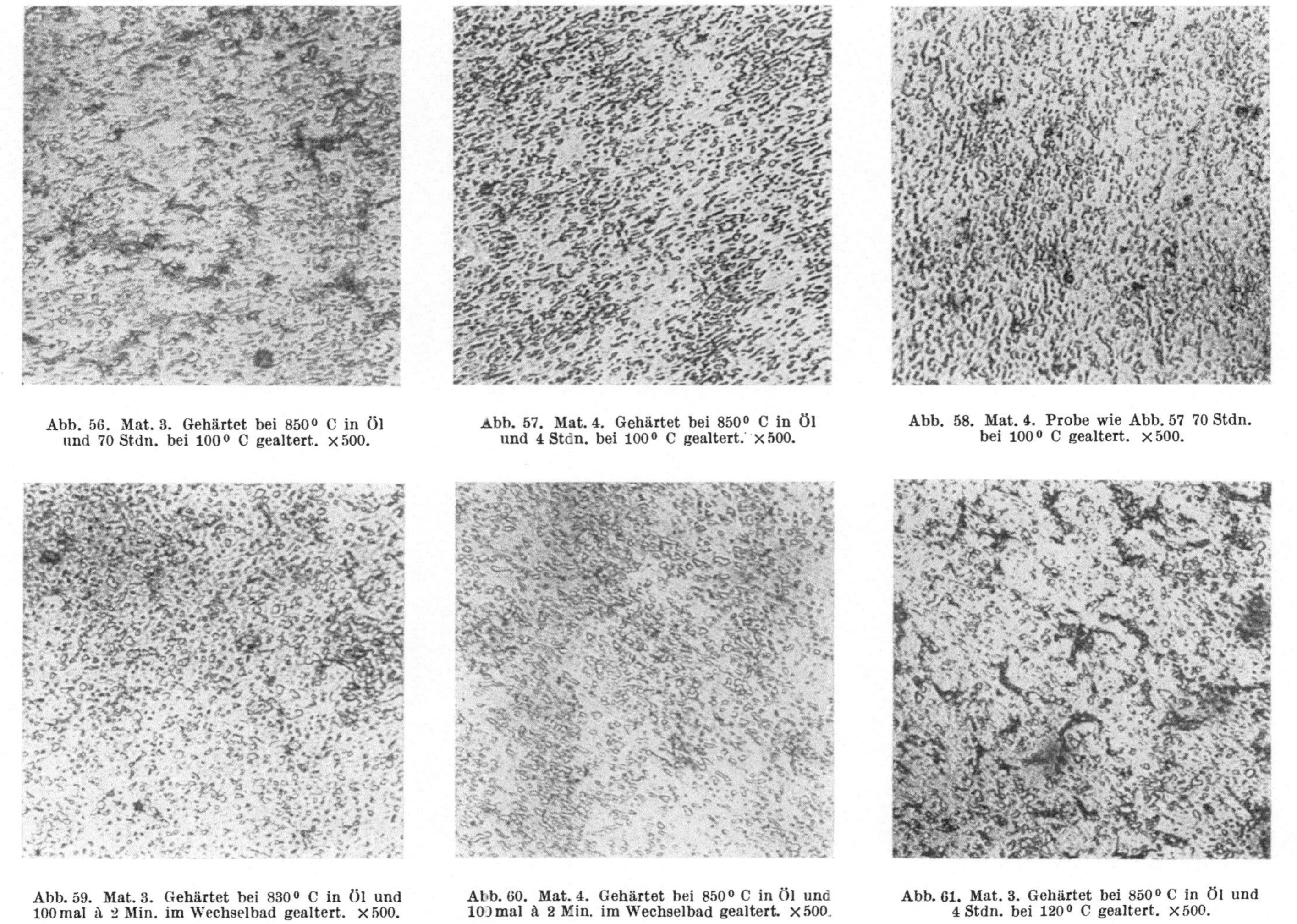

Abb. 56. Mat. 3. Gehärtet bei 850° C in Öl und 70 Stdn. bei 100° C gealtert. ×500.

Abb. 57. Mat. 4. Gehärtet bei 850° C in Öl und 4 Stdn. bei 100° C gealtert. ×500.

Abb. 58. Mat. 4. Probe wie Abb. 57 70 Stdn. bei 100° C gealtert. ×500.

Abb. 59. Mat. 3. Gehärtet bei 830° C in Öl und 100 mal à 2 Min. im Wechselbad gealtert. ×500.

Abb. 60. Mat. 4. Gehärtet bei 850° C in Öl und 100 mal à 2 Min. im Wechselbad gealtert. ×500.

Abb. 61. Mat. 3. Gehärtet bei 850° C in Öl und 4 Stdn. bei 120° C gealtert. ×500.

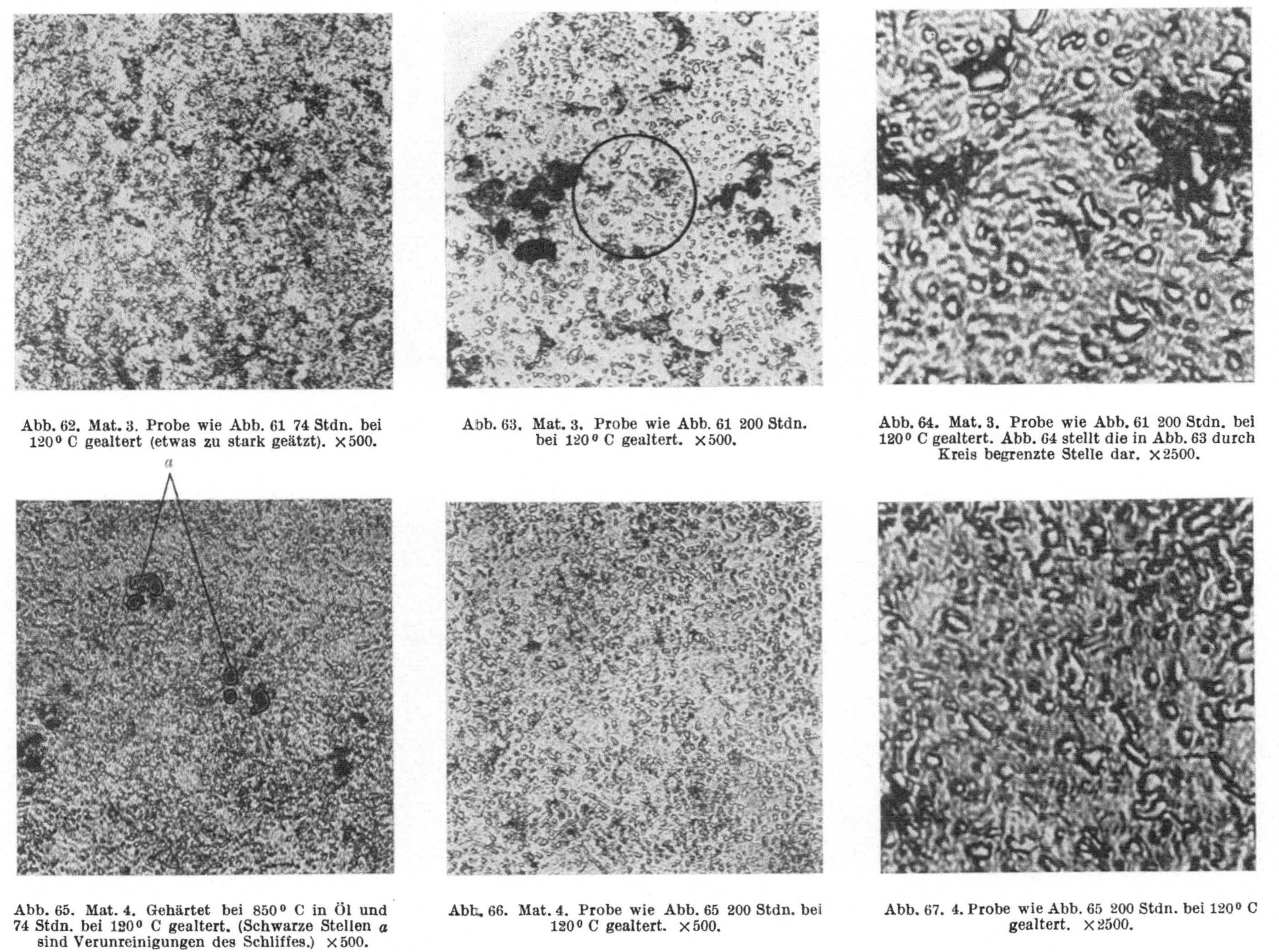

Abb. 62. Mat. 3. Probe wie Abb. 61 74 Stdn. bei 120° C gealtert (etwas zu stark geätzt). ×500.

Abb. 63. Mat. 3. Probe wie Abb. 61 200 Stdn. bei 120° C gealtert. ×500.

Abb. 64. Mat. 3. Probe wie Abb. 61 200 Stdn. bei 120° C gealtert. Abb. 64 stellt die in Abb. 63 durch Kreis begrenzte Stelle dar. ×2500.

Abb. 65. Mat. 4. Gehärtet bei 850° C in Öl und 74 Stdn. bei 120° C gealtert. (Schwarze Stellen *a* sind Verunreinigungen des Schliffes.) ×500.

Abb. 66. Mat. 4. Probe wie Abb. 65 200 Stdn. bei 120° C gealtert. ×500.

Abb. 67. 4. Probe wie Abb. 65 200 Stdn. bei 120° C gealtert. ×2500.

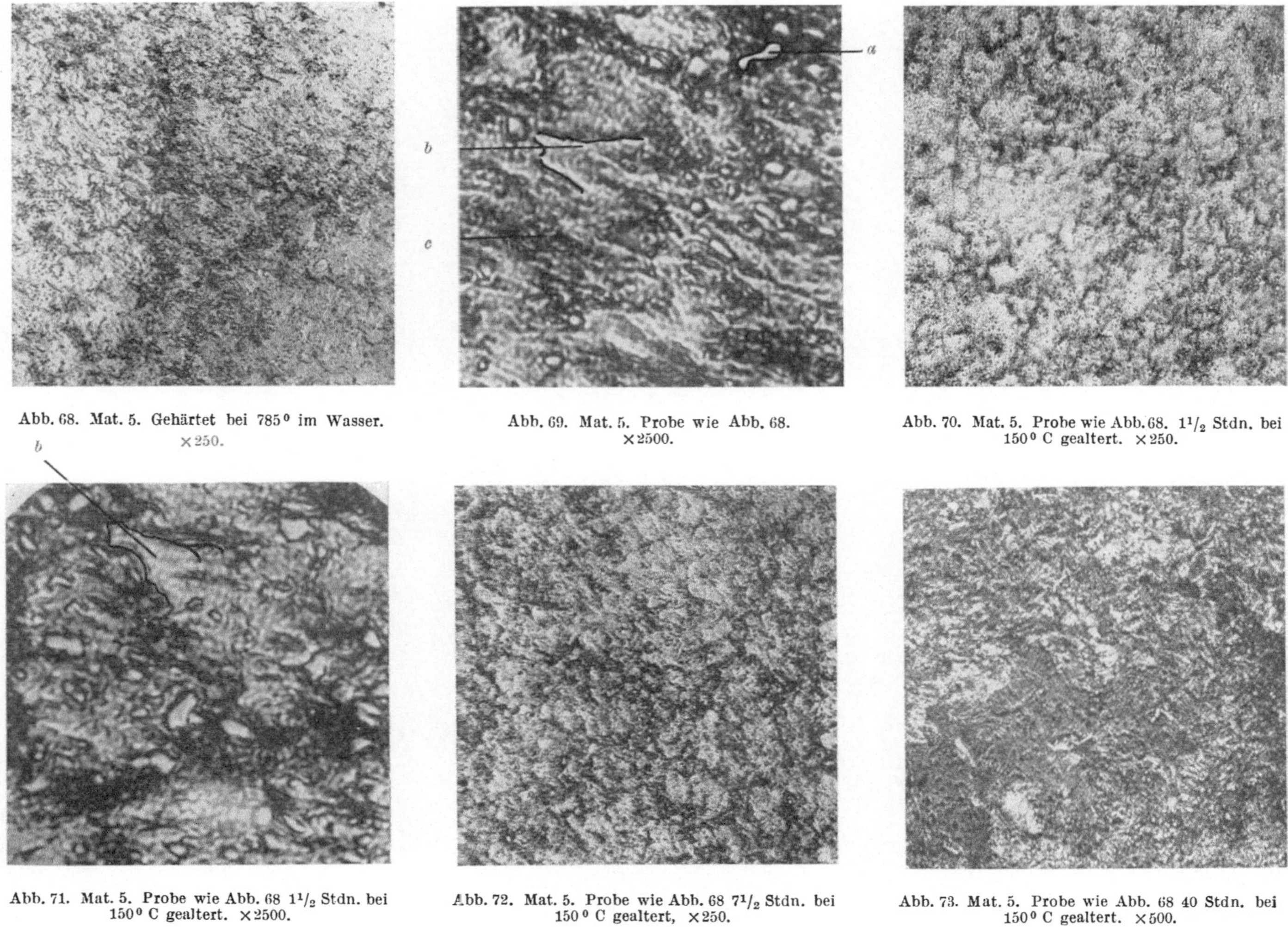

Abb. 68. Mat. 5. Gehärtet bei 785° im Wasser. ×250.

Abb. 69. Mat. 5. Probe wie Abb. 68. ×2500.

Abb. 70. Mat. 5. Probe wie Abb. 68. 1½ Stdn. bei 150° C gealtert. ×250.

Abb. 71. Mat. 5. Probe wie Abb. 68 1½ Stdn. bei 150° C gealtert. ×2500.

Abb. 72. Mat. 5. Probe wie Abb. 68 7½ Stdn. bei 150° C gealtert. ×250.

Abb. 73. Mat. 5. Probe wie Abb. 68 40 Stdn. bei 150° C gealtert. ×500.

Verlag von Julius Springer, Berlin.

Tafel VI.

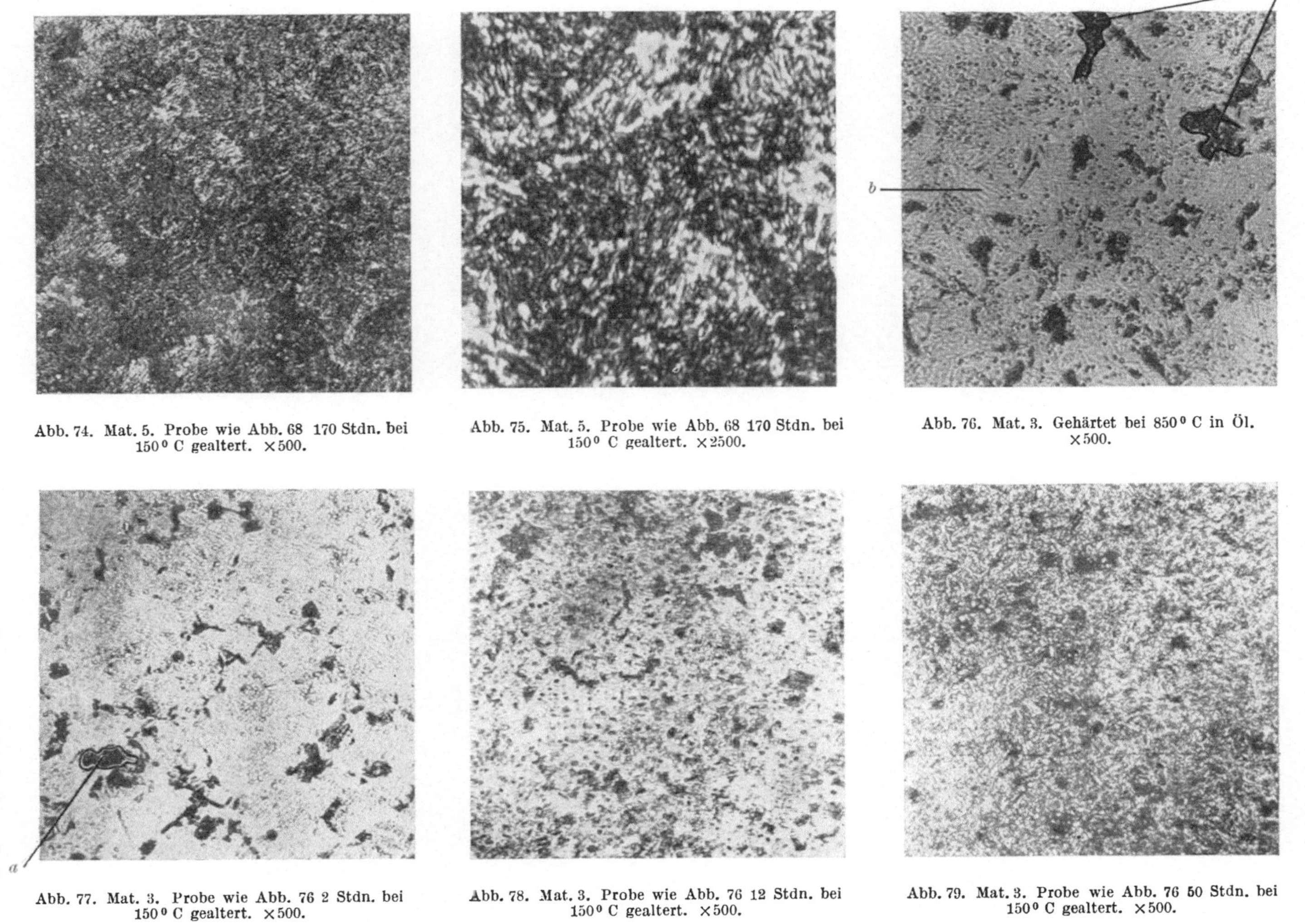

Weber, Alterung.

Verlag von Julius Springer, Berlin.

Abb. 74. Mat. 5. Probe wie Abb. 68 170 Stdn. bei 150° C gealtert. ×500.

Abb. 75. Mat. 5. Probe wie Abb. 68 170 Stdn. bei 150° C gealtert. ×2500.

Abb. 76. Mat. 3. Gehärtet bei 850° C in Öl. ×500.

Abb. 77. Mat. 3. Probe wie Abb. 76 2 Stdn. bei 150° C gealtert. ×500.

Abb. 78. Mat. 3. Probe wie Abb. 76 12 Stdn. bei 150° C gealtert. ×500.

Abb. 79. Mat. 3. Probe wie Abb. 76 50 Stdn. bei 150° C gealtert. ×500.

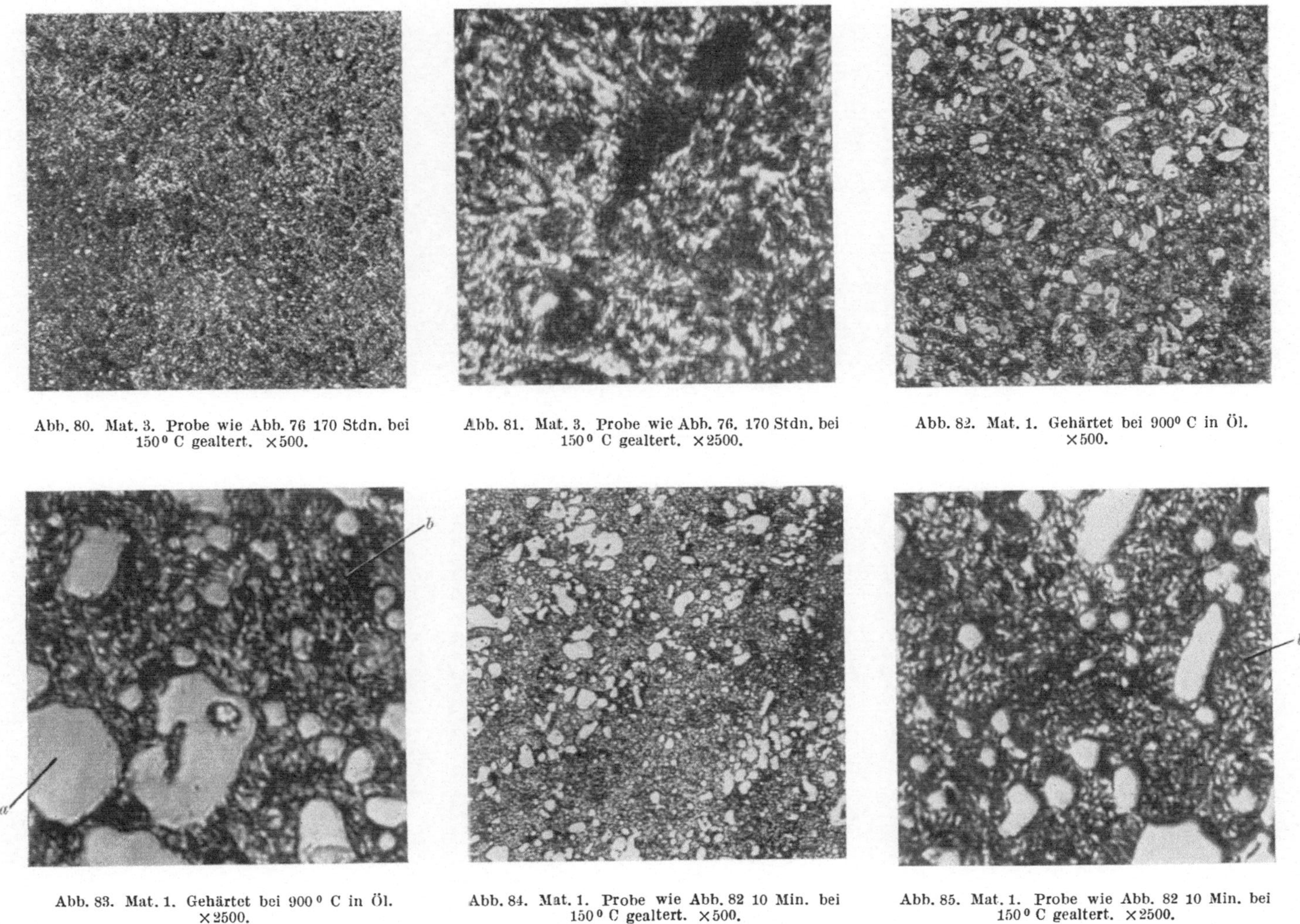

Abb. 80. Mat. 3. Probe wie Abb. 76 170 Stdn. bei 150° C gealtert. ×500.

Abb. 81. Mat. 3. Probe wie Abb. 76. 170 Stdn. bei 150° C gealtert. ×2500.

Abb. 82. Mat. 1. Gehärtet bei 900° C in Öl. ×500.

Abb. 83. Mat. 1. Gehärtet bei 900° C in Öl. ×2500.

Abb. 84. Mat. 1. Probe wie Abb. 82 10 Min. bei 150° C gealtert. ×500.

Abb. 85. Mat. 1. Probe wie Abb. 82 10 Min. bei 150° C gealtert. ×2500.

Weber, Alterung.

Verlag von Julius Springer, Berlin.

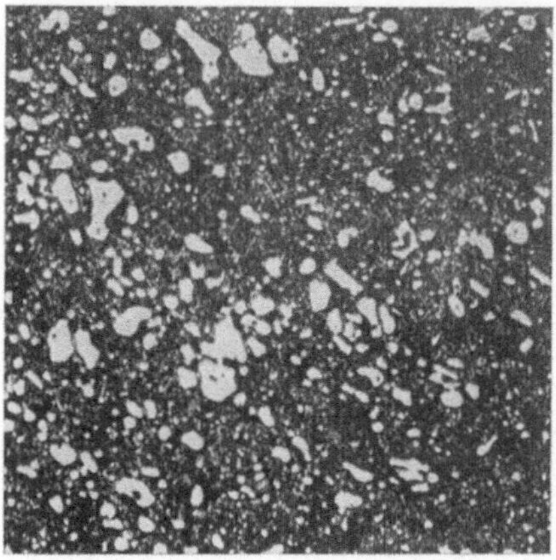

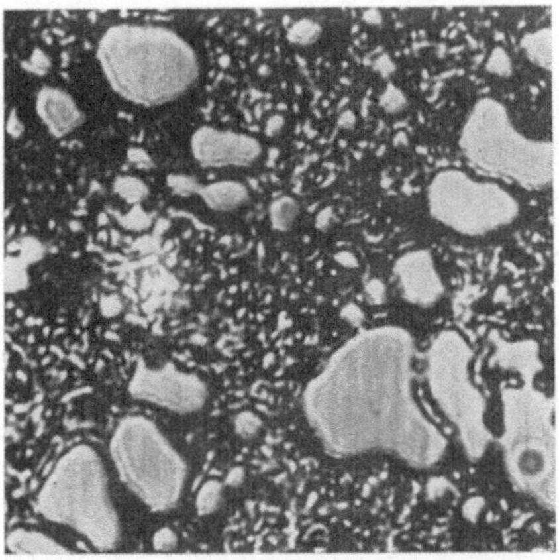

Abb. 88. Mat. 1. Probe wie Abb. 82 50 Stdn. bei 150° C gealtert. ×2500.

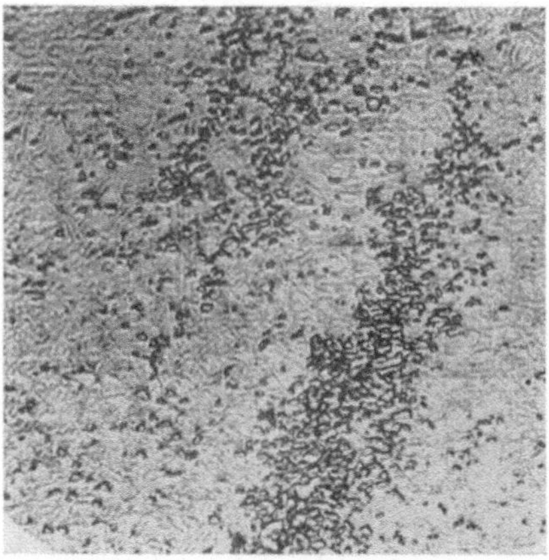

Abb. 91. Mat. 3. Gehärtet bei 850° C in Öl und 500 Stdn. bei 100° C gealtert. ×500.

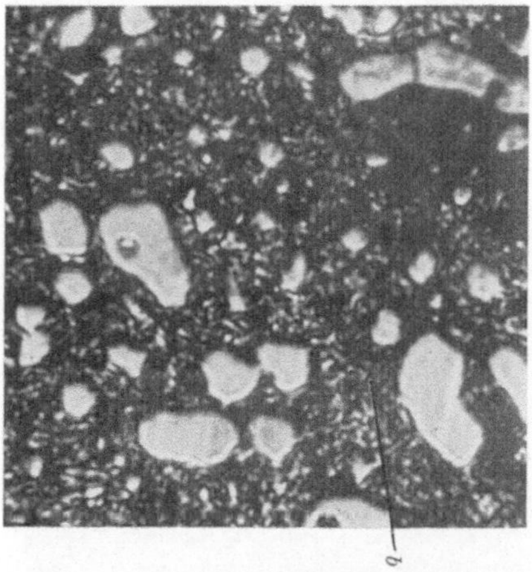

Abb. 87. Mat. 1. Probe wie Abb. 82 10 Stdn. bei 150° C gealtert. ×2500.

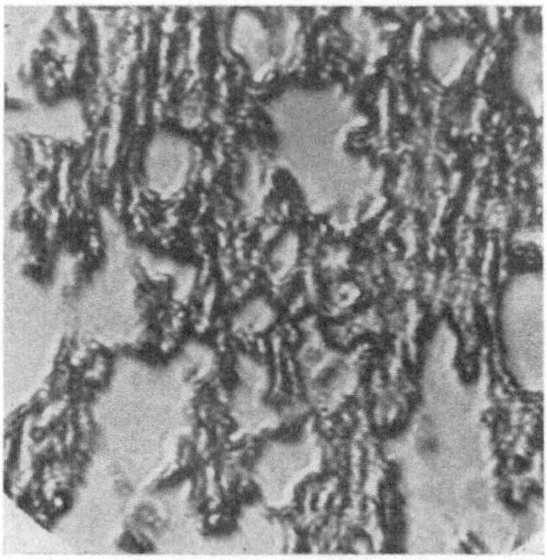

Abb. 90. Mat. 1. Probe wie Abb. 82 150 Stdn. bei 150° C gealtert. ×2500.

Abb. 86. Mat. 1. Probe wie Abb. 82 2 Stdn. bei 150° C gealtert. ×500.

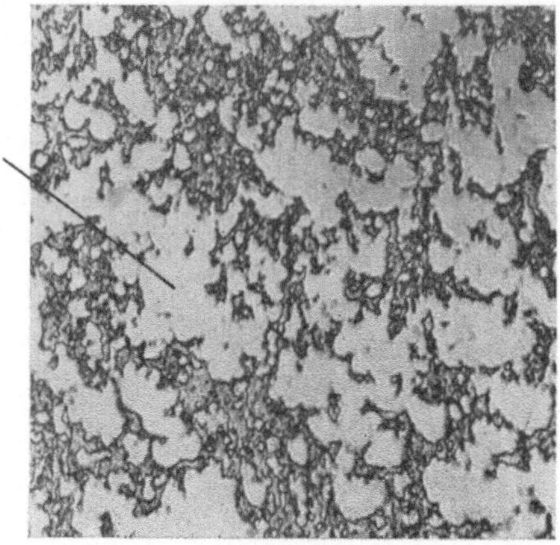

Abb. 89. Mat. 1. Probe wie Abb. 82 150 Stdn. bei 150° C gealtert. ×500.

Verlag von Julius Springer, Berlin.

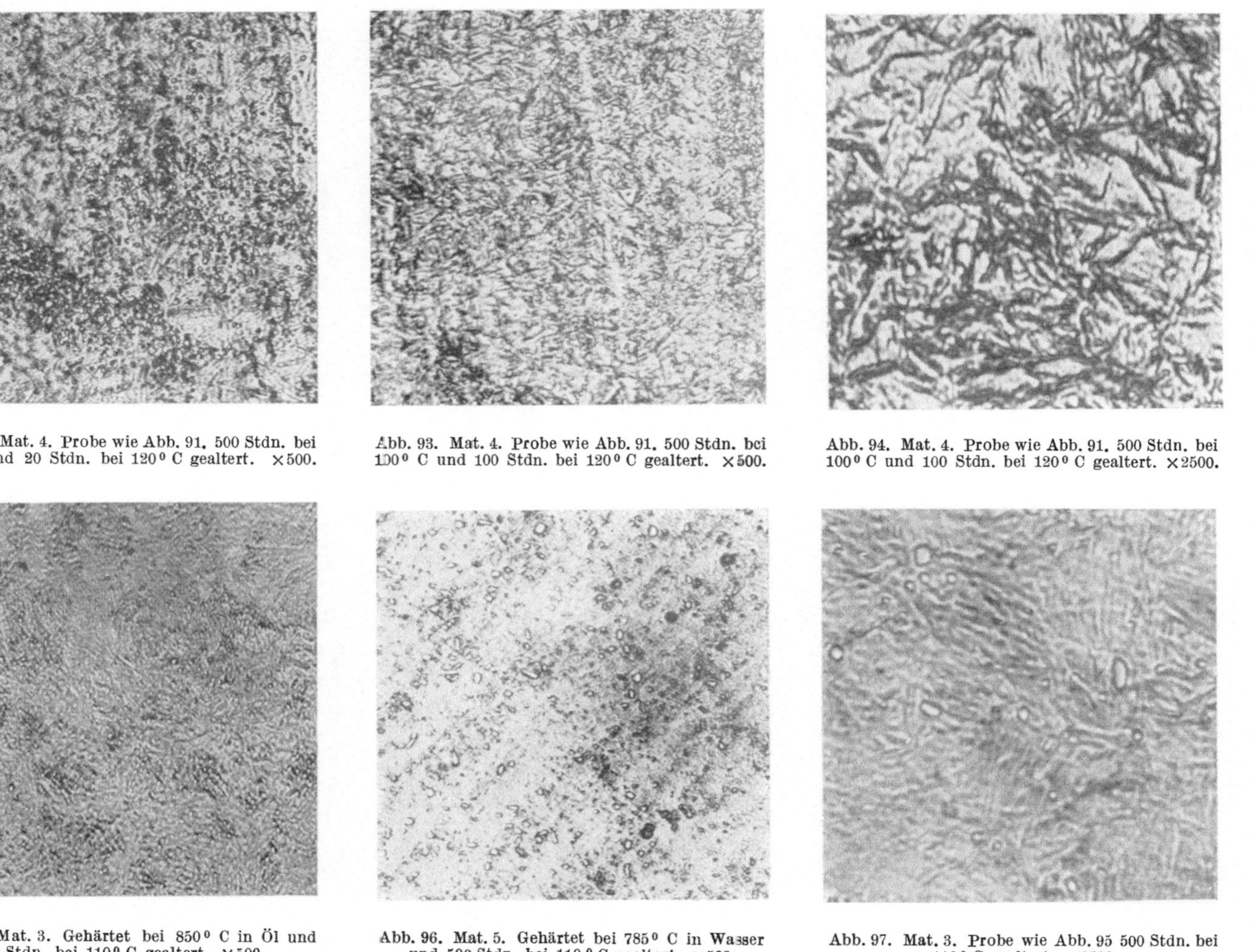

Abb. 92. Mat. 4. Probe wie Abb. 91. 500 Stdn. bei 100° C und 20 Stdn. bei 120° C gealtert. ×500.

Abb. 93. Mat. 4. Probe wie Abb. 91. 500 Stdn. bei 100° C und 100 Stdn. bei 120° C gealtert. ×500.

Abb. 94. Mat. 4. Probe wie Abb. 91. 500 Stdn. bei 100° C und 100 Stdn. bei 120° C gealtert. ×2500.

Abb. 95. Mat. 3. Gehärtet bei 850° C in Öl und 500 Stdn. bei 110° C gealtert. ×500.

Abb. 96. Mat. 5. Gehärtet bei 785° C in Wasser und 500 Stdn. bei 110° C gealtert. ×500.

Abb. 97. Mat. 3. Probe wie Abb. 95 500 Stdn. bei 110° C gealtert. ×2500.

Weber, Alterung.

Verlag von Julius Springer, Berlin.

Verlag von Julius Springer, Berlin.

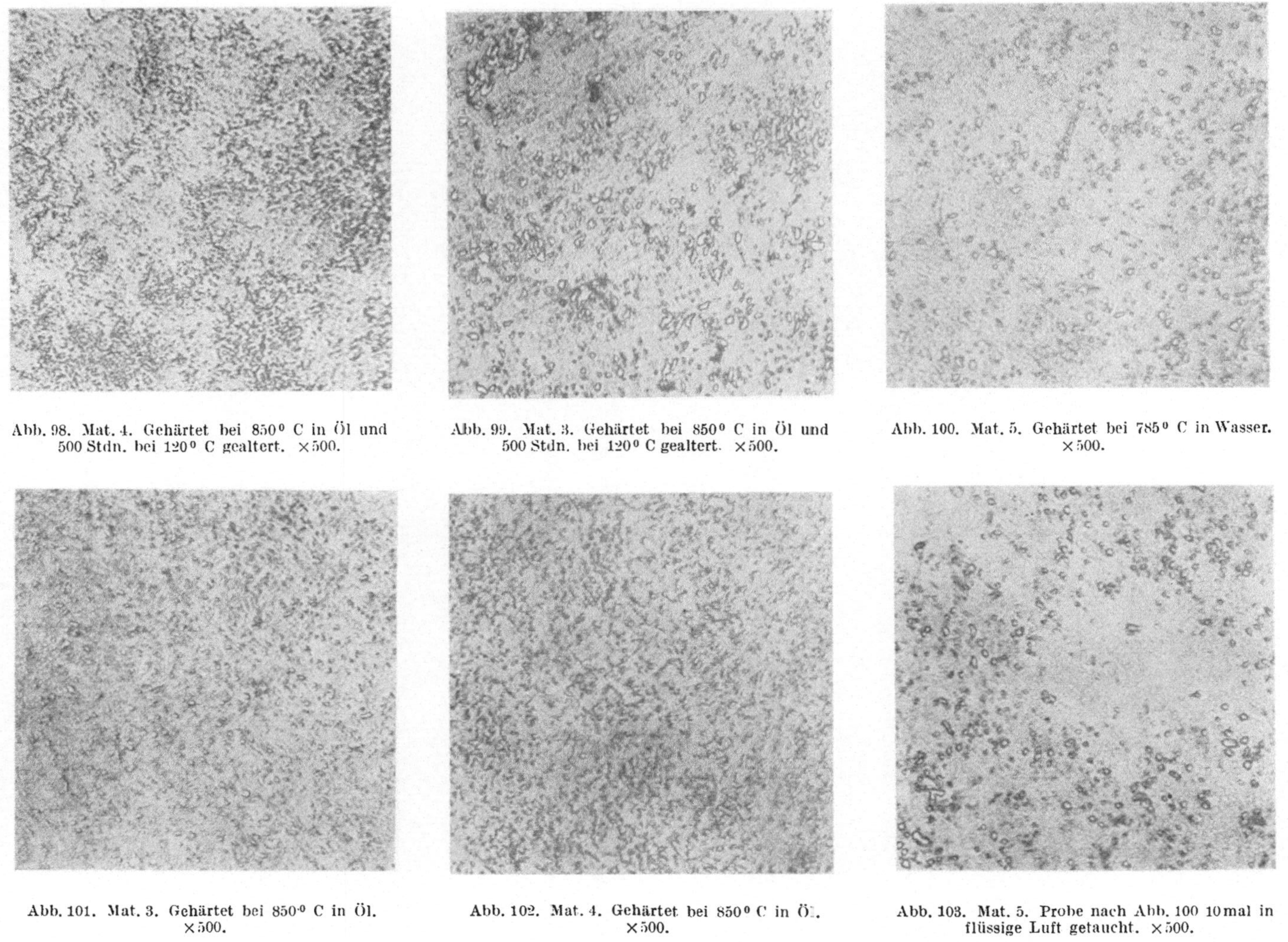

Abb. 98. Mat. 4. Gehärtet bei 850° C in Öl und 500 Stdn. bei 120° C gealtert. ×500.

Abb. 99. Mat. 3. Gehärtet bei 850° C in Öl und 500 Stdn. bei 120° C gealtert. ×500.

Abb. 100. Mat. 5. Gehärtet bei 785° C in Wasser. ×500.

Abb. 101. Mat. 3. Gehärtet bei 850·° C in Öl. ×500.

Abb. 102. Mat. 4. Gehärtet bei 850° C in Öl. ×500.

Abb. 103. Mat. 5. Probe nach Abb. 100 10mal in flüssige Luft getaucht. ×500.

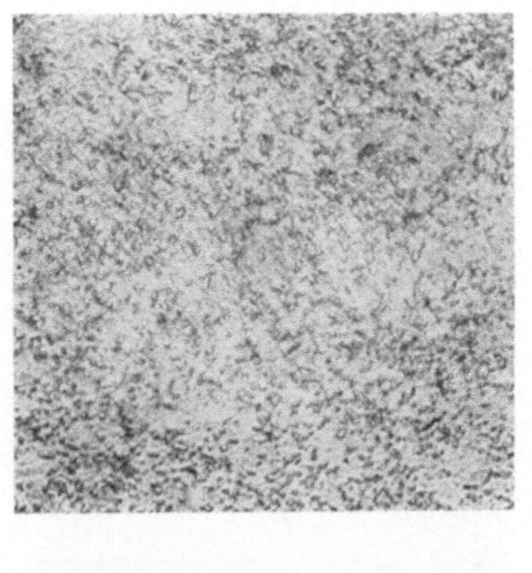

Abb. 105. Mat. 4. Probe nach Abb. 102 10mal in flüssige Luft getaucht. ×500.

Abb. 104. Mat. 3. Probe nach Abb. 101 10mal in flüssige Luft getaucht. ×500.